PROLOGUE   6

집은 삶이 담긴 공간이자, 삶을 바꿀 공간이다

집은 삶에 가장 기본이 되는 공간이다   14

우리는 매일, 매순간 공간 속에서 생활한다   16

사람이 없는 집, 즉 빈 집은 과연 집으로서 의미를 가질까?   18

우리 삶은 집과 함께 성장한다   20

개인화와 집의 변화

혼자 사는 사회   32

늘어나는 1인 가구   34

함께 혹은 따로   39

부부라도 1인 1침대   42

주거 공간의 변화   44

인테리어 관심 증가   47

O세권에 살고 있나요?   49

세대별 집 활용법   51

시대별 주거 공간   54

꿈꾸는 공간이 현실이 되다   57

성공한 사람들은 어떤 공간에 살까?

나 ≒ 공간   68

공간이 사람을 만든다   69

성공한 기업의 공통 특징   70

공간을 보면 사람이 보인다   72

방은 나를 닮는다

집의 진정한 가치   81

집은 삶에 어떻게 관여하는가?   83

생활 공간을 되돌아보자   84

집은 이렇게 만들자

성공한 사업가의 집   94

인플루언서의 집   97

성공한 사람들이 생각하는 공간   99

인테리어가 지향해야 할 목표   100

집이 바뀌면 삶이 바뀐다   102

1. 긍정적 집을 만들자   109

2. 깔끔한 집을 만들자   114

3. 건강한 집을 만들자   121

4. 꿈꾸는 집을 만들자   127

5. 집을 사랑하자   131

꿈을 닮은 집, 드림 하우스 만들기

드림보드를 활용하자   136

긍정적인 컬러를 사용하자   138

공간별 스토리

1인 가구, 나를 닮은 공간의 미학   162

반려동물과 함께 공존하는 인테리어 이야기   172

사랑스러운 신혼부부 공간   178

시니어를 위한 배려 공간   182

사랑하는 취미가 함께 머무는 공간   186

콘텐츠와 삶이 만나는 무대, 크리에이터   189

인스타그램 인플루언서를 위한 공간   194

1인 사업자를 위한 인테리어 197

스마트스토어를 위한 공간 200

크리에이터를 위한 공간 203

작가와 에디터를 위한 공간 206

운동선수를 위한 공간 209

공간을 통한 추가 소득, 에어비엔비 211

이렇게 꿈의 공간을 만들었습니다

공간이 삶이 되는 순간, 인플루언서 하우스 218

사랑과 추억이 담긴 공간, 함께 만들어가는 가족의 집 (1) 224

사랑과 추억이 담긴 공간, 함께 만들어가는 가족의 집 (2) 230

신혼집의 설렘, 두 사람의 약속이 담긴 공간 236

새로운 가족을 맞이하는 공간 240

나만의 공간을 찾아가는 여정, 소형 오피스텔의 특별한 변신 246

나만의 공간을 찾아가는 여정, 소형 빌라의 특별한 변신 252

나만의 공간을 찾아가는 여정, 소형 아파트의 특별한 변신 258

빈 캔버스, 그 위에 그려진 삶, 마이너스 옵션의 매력 (1) 264

빈 캔버스, 그 위에 그려진 삶, 마이너스 옵션의 매력 (2) 270

반려동물과 함께 살아가는 공간, 가족의 이야기가 담긴 집 274

PROLOGUE

안녕하세요, 라이프스타일 크리에이터이자 공간 디자이너 허유진입니다. 2016년 주거 인테리어 전문회사 '이유디자인'을 설립한 이후, 주거 공간을 다루는 다수의 인테리어 프로젝트를 성공적으로 이끌어왔습니다. 우리는 늘 공간 속에서 살아갑니다. 일상에서 다양한 공간을 경험하지만, 그중에서도 집은 삶에 가장 큰 영향을 미치는 특별한 공간이라고 생각합니다.

처음에는 소비자의 집을 아름답게 꾸미는 데 매력을 느꼈지만, 시간이 지날수록 소비자가 꿈꾸는 집을 실현하는 데서 더 큰 기쁨을 느꼈습니다. 집이라는 공간에서 시작된 소비자의 꿈이 더 나은 삶으로 이어지기를 바라는 마음으로 프로젝트를 만들어왔습니다. 'Good Design for Better Life'라는 철학을 담아 완성된 집들은 단순한 인테리어를 넘어 새로운 삶의 시작이 되었습니다.

오늘도 디자인 팀과 함께 소비자가 꿈꾸는 공간을 살펴보며 디자인 회의를 이어갔습니다. 우리는 늘 소비자가 꿈꾸는 장면에 집착합니다. 그 꿈을 현실로 만들고 싶기 때문입니다. 그래서 긴 대화를 통해 소비자가 원하는 집의 모습을 이해하고자 노력합니다. 때로는 일상의 사소한 이야기를 나누며 공감하는 순간도 있습니다. 이는 저만의 작은 업무 습관이기도 합니다.

이 일은 처음부터 끝까지 섬세한 소통에서 시작해, 소통으로 완성됩니다. 짧은 시간 안에 소비자가 그리는 장면을 이해하고 이를 실현할 구체적인 계획을 세워야 합니다. 그 과정에서 많은 시공 기술자들과의 정확한 커뮤니케이션이 필수적입니다. 물론 쉬운 작업은 아닙니다. 하지만 프로젝트를 마치고 나면, 한 통의 정성 어린 감사 편지가 피로에 젖어 쓰러져가는 저를 다시 일으켜 세워 줍니다. "꿈이 실현되었다"는 소비자의 진심 어린 한마디와 기쁨은 모든 피로를 잊게 만듭니다. 꿈꾸는 집을 만들며 얻는 보람은 제가 이 일을 계속하게 만드는 비타민입니다.

저는 공간을 연구하고, 새로운 공간을 경험하는 것을 배우는 과정으로 여깁니다. 아직도 배울 것이 많고, 경험해야 할 장소가 무궁무진합니다. 이 책은 제가 쌓아온 경험과 지식을 소비자들과 나누기 위해 시작된 작은 디자인 노트의 연장선입니다. 제 이야기를 통해 여러분이 공감하고 새로운 영감과 꿈을 얻기를 진심으로 바랍니다.

이 책은 마치 제 삶의 첫 번째 챕터를 마무리 짓는 느낌입니다. 최근에는 '페어리 멜로스'를 설립하며 라이프스타일 브랜드로 영역을 넓히고, 더 많은 사람들에게 영감을 전하기 위해 노력하고 있습니다. 이제는 주거 공간을 넘어 소비자의 라이프스타일 전체를 디자인하며, 더 나은 삶을 위한 따뜻한 변화를 만들어가기 위해 다양한 도전을 이어가고 있습니다. 두 번째 챕터가 시작되었습니다.

꿈꾸는 집, 꿈이 이루어지는 집, Dream House. 이 책 제목처럼, 저 또한 여러분과 함께 꿈꾸는 집을 통해 더 큰 꿈을 꾸기 시작했습니다. 모두가 간직한 꿈들이 하나씩 이루어지길 진심으로 바랍니다.

저자 허유진

Room 1

집은 삶이 담긴 공간이자, 삶을 바꿀 공간이다

안내를 해주는 사람을 따라 복도를 걸었다. 발소리가 고요하게 울렸다. 복도는 아늑한 조도가 만들어낸 은은한 빛에 휩싸여 있었고, 모든 마감재는 손끝으로 만졌을 때 거칠거나 어긋난 곳 없이 설계 단계에서부터 섬세하게 처리되어 있었다. 천연 대리석이나 품질 좋은 마감재에서 느껴지는 매끄럽고 세련된 표면처리, 클래식한 색조와 절제된 장식들이 복도 양옆으로 흐르듯 이어지며, 마치 5성급 호텔의 긴 복도를 걷는 듯한 기분을 느꼈다. 벽은 부드러운 아이보리 톤으로 정리되어 있었고, 그 위로 은은하게 비치는 조명이 공기 중의 미세한 먼지까지도 고요하게 드러내고 있었다.

'이런 집에 사는 사람은 어떤 삶을 살고 있을까?'
'이 집을 채우고 싶은 사람은 어떤 공간을 원할까?'
'텅 빈 이 집은 어떤 이야기로 채워질까?'

복도를 지날 때 간간이 나타나는 묵직한 현관문들은 그 존재만으로도 이곳의 가치를 말해주고 있었다. 문마다 금속으로 만든 손잡이가 달려 있었는데, 그 차가운 감촉과 견고한 무게감은 이곳의 가치를 대변하고 있었다. 이곳에서의 삶은 분명 평범한 것이 아닐 것이다.

안내 받은 집의 현관문을 열고 들어서자, 넓은 현관 입구가 먼저 나를 맞이했다. 바닥은 은은하게 광택을 띤 대리석으로 마감되어 있었다. 그 현관을 지나자마자 눈앞에 펼쳐진 것은 탁 트인 거실과 커다란 창이었다. 그 창은 한눈에 그 집의 가치를 말해주었다.

현관에서 보이는 창에는 오직 하늘만이 담겨 있었다. 보통 아파트라면 맞은편 건물이 보일 법도 했지만, 거실을 지나 점점 창에 가까워지자 아래로 펼쳐진 도시의 모습이 눈에 들어왔다. 멀리서는 한강이 반짝이고, 가까이서는 서울의 빌딩들이 고개를 내밀고 있었다. 평소에는 늘 올려다보던 빌딩들이 이곳에서는 아래에 있었다. 이곳에 살게 된다면, 매일 아침 서울의 빌딩들과 한강 너머의 풍경을 내려다보며 하루를 시작하게 될 것이다.

텅 빈 집. 아직 입주하지 않아 가구 하나 놓여 있지 않았다. 나는 인테리어 실측을 하기 전에 잠시 창 앞에 멈춰 섰다. 하늘과 도시가 하나로 이어지는 광경이 눈 앞에 펼쳐져 있었다.

창 너머의 세상은 각자의 방향대로 말없이 흘러가고 있었다.

시그니엘에서 보는 풍경

집은 삶에 가장
기본이 되는 공간이다

집은 삶을 담는 캔버스다. 이는 단순히 머무는 장소 그 이상의 의미를 지닌다. 집은 우리의 안전을 제공하는 안식처이자, 하루의 피로를 풀고 내면을 재충전하는 공간이다. 우리가 처음으로 자신을 표현하고, 자신의 취향과 삶의 방식을 반영하는 장소이기도 하다.

Space calls for action, and before action,
the imagination is at work.
"공간은 행동을 요구하고, 그 이전에 상상력이 움직인다."
-바슐라르, 공간의 시학

위 문장은 공간이 단순히 정적인 물리적 장소가 아니라, 우리의 상상력과 감정, 행동을 자극하는 창조적 그릇이라는 의미다. 이처럼 집은 우리의 일상을 담고, 우리가 꿈꾸는 미래의 모습을 담아내는 가장 중요한 장소다. 또한, 집은 우리 삶의 리듬을 만들어준다. 휴식과 재충전, 가족과의 소통과 추억이 쌓이는 곳으로, 그 공간이 어떻게 꾸며졌느냐에 따라 우리의 삶의 질이 달라질 수 있다.

"우리 삶의 대부분은 집이라는 무대에서부터 펼쳐진다."

이는 곧 집이 단순한 공간을 넘어서, 우리의 가치관과 삶의 철학을 반영하는 상징적인 장소임을 의미한다.

Dream House: Room 1

우리는 매일, 매 순간
공간 속에서 생활한다

공간 중에서 집은 삶에 기본적이고 필수적인 특별한 공간이다. 공간은 단순한 배경이 아니라, 우리의 삶을 담아내는 기본적인 무대다. 공간이 없는 삶은 성립될 수 없다. 우리 삶의 모든 활동은 공간 위에서 이루어지며, 그 공간이 사람과 상호작용할 때 비로소 의미를 가진다. 결국 공간 곁에는 늘 사람이 있다.

사람과 집의 관계를 가장 본질적으로 살펴보려면 최초의 상태로 돌아가야 한다. 사람에게 최초의 공간은 동굴이었다. 자연의 위협에서 벗어날 수 있는 안전한 피난처였고, 그곳에서 사람은 생존했다. 최초의 공간인 동굴은 시간이 흐르며 지금의 집이 되었다. 동굴과 집이라는 공간은 인간의 삶을 위한 가장 기본적이고 필수적인 시작점이다.

동시에 사람들은 단순히 동굴에서 머무르는 것을 넘어, 그 안에 마음을 담기 시작했다. 그들은 동굴 벽에 주술적인 그림을 그리며 삶의 풍요를 기원했다. 공간이 단순히 기능적 의미만을 가진 것이 아니라, 마음을 담아 미래의 풍요를 기원하는 장소가 되었다. 지금 우리가 집을 바라보는 시각도 이와 크게 다르지 않다. 집은 단순한 생활 공간을 넘어서, 삶의 의미와 미래의 꿈을 담아내는 장소가 되어야 한다.

우리가 매일 살아가는 이 공간들 역시 현대적인 동굴과 같다. 삶의 피로를 풀고, 내 이야기를 담아내는 곳. 개인의 정체성과 꿈이 반영된 공간은 단순히 삶을 유지하는 것이 아니라, 그 속에서 풍요롭고 의미 있는 삶을 창조해 낸다.

사람이 없는 집, 즉 빈 집은
과연 집으로서 의미를 가질까?

빈집은 단지 물질적인 가치만 남는다. 사람이 없는 동굴은 그저 굴일 뿐이고, 사람이 빠진 집도 마찬가지다. 몇 개의 벽이 붙어 만들어진 껍데기일 뿐이다. 진정한 주거 공간으로서의 의미는 그곳에 사람이 존재할 때 비로소 생긴다.

The house shelters day-dreaming, the house protects the
dreamer, the house allows one to dream in peace.
"집은 몽상을 보호하며, 꿈꾸는 사람을 감싸고,
평화롭게 꿈을 꿀 수 있게 해준다."
-바슐라르, 공간의 시학

바슐라르는 주거 공간을 단순히 물리적 장소가 아니라, 인간의 내면과 상상력이 깊이 연결된 장소로 보았다. 집은 기억과 감정이 깃들어 있고, 인간이 자신을 가장 본질적으로 느낄 수 있는 장소라는 뜻이다. 공간 안에 있는 사람을 강조한다. 우리는 집을 단순한 물질적 대상으로 보지 않고, 삶을 만들어가는 시작점으로 이해해야 한다. 집은 사람이 머무는 공간, 즉 주거 공간이 되어야 한다. 집은 그저 물질적인 가치 이상의 공간이어야 한다.

집을 물질적 가치에만 초점을 맞춘다면, 소유하지 못한 사람들은 상대적인 박탈감을 느끼게 된다. 하지만 우리의 삶이 단지 물질로만 설명될 수 있을까? 떠오르는 것은 과거 현대차 그랜저 광고다. "요즘 어떻게 지내냐"는 질문에 그랜저 차로 답하는 장면은, 그랜저=성공한 사람의 상징이라는 이미지를 만들어냈다. 그렇다면, 그 차를 소유하지 못한 사람은 성공하지 못한 삶을 살고 있는 걸까?

집을 물질적인 부, 소유의 대상으로 보기보다 꿈을 이루고 삶을 담아내는 주거 공간으로 바라볼 때 새로운 시선이 생기지 않을까?

우리 삶은 집과 함께 성장한다

누군가와 꿈을 이야기할 때, 집은 빠지지 않는 이야기 주제다. 단순한 우연이 아니다. 집은 우리의 삶과 꿈이 함께 숨 쉬는 공간이기 때문이다. 마치 달팽이가 자신의 껍데기와 함께 자라듯, 삶이 발전하고, 꿈이 커질수록 우리의 집도 그에 맞춰 성장한다.

집은 단순히 머무는 곳이 아닌, 삶의 기반이자 꿈의 실현을 위한 공간이다. 우리가 꿈꾸는 모든 순간에 집이 자리 잡고 있다는 것은, 그 공간이 우리에게 얼마나 중요한지를 다시금 깨닫게 한다. 주거 공간은 단순한 형태를 넘어, 그 안에서 삶의 방향을 제시하고, 우리가 나아갈 길을 만들어가는 곳이 되는 것이다.

공간, 꿈을 담는 그릇

내가 처음 가족과 떨어져 독립된 공간에서 살아보기 시작한 곳은 학교 근처의 작은 원룸이었다. 문을 열고 들어가면 바로 옆에는 작은 화장실 겸 세탁실이 있었다. 몸 하나 뉠 수 있는 사이즈의 침대와 바로 붙어있는 작은 주방, 작은 수납장이 전부였다.

그곳은 단순히 잠을 자는 공간을 넘어 나의 꿈을 키워나가는 작은 작

업실 같은 집이었다. 지금 돌아보면 조금은 엉뚱했던 것 같지만, 그때 꿈을 쌓아 올리지 않았다면 오늘의 나는 없었을지도 모른다. 방 안에서 책을 읽으며 성공한 사람들의 삶을 간접적으로 배웠고, 자기 계발에 힘썼다. 수업이나 아르바이트 시간이 아니면 카메라를 들고 도시와 사람들을 찍으러 다녔다. 집으로 돌아오면 그 사진과 생각, 그리고 꿈을 미니홈피에 기록하며 꿈을 구체화시켰다.

이탈리아에서의 유학 시절에는 룸메이트들과 함께 지냈다. 이탈리아 친구들과 생활하면서 다양한 문화 경험과 많은 이야기를 했다. 모국어가 아니라 어설펐지만, 그들을 이해하고 싶었다. 그래서 자주 각국의 친구들과 어울리게 되었는데, 친구들의 집에 초대받아서 놀러 가게 되면 각자의 문화나 꿈에 대한 열정들을 볼 수 있었다. 집 곳곳에 미래에 원하는 사진과 이미지들이 붙어있었다. 그 사진들을 주제로 함께 이야기를 주고받는 게 무척 즐거웠다. 자신의 이야기를 들려줄 때면, 항상 눈이 반짝거렸다. 꿈이 작고 큰 건 상관이 없었다. 우리의 꿈 뒤에는 항상 스스로가 원하던 멋진 미래의 자신이 존재했다.

사회생활을 시작하면서 작은 오피스텔로 이사했다. 나는 이 오피스텔을 집이자 사무실처럼 여겼다. 이때부터 집은 단순히 나의 쉼터를 넘어 꿈을 이루기 위해 매 순간 달리고 고민하는 무대가 되었다. 집 안 어느 공간을 둘러봐도 목표와 과정, 그리고 이 모든 것에서 생겨나는 수많은 사건들이 고스란히 묻어 있었다. 책이 쌓여있고, 여기저기 스케치들이 붙어있었고, 마치 일 중독자의 방처럼 정신없었다.

사업을 시작하고 성장할 때마다 내가 사는 집도 조금씩 넓어졌고, 결혼[—]후에는 가족과 함께 살 집을 마련했다. 이제 나의 꿈 만큼이나 가족의 꿈도 중요한 시기가 된 것이다. 가족의 꿈이 공존하는, 따뜻함과 가능성이 묻어나는 그런 집이 되었다.

돌아보면 내가 살았던 공간들은 모두 나의 꿈과 함께 성장해 왔다. 방 한 칸짜리 원룸에서 시작해 점점 더 넓어지고 깊어진 공간 속에서 나는 꿈을 담아내고, 꿈에 담겼다. 나의 집은 단순한 건축물이 아니다. 그것은 나의 꿈을 품은 그릇이며, 때로는 나를 성장시키는 배경이 되었다. 공간은 결국 꿈을 닮아가는 것 같다. 그렇기에 나는 지금도 공간을 설계할 때마다, 그 안에 담길 누군가의 꿈을 상상해 본다. 꿈을 닮은 공간은 삶의 온도를 바꾸는 힘이 있다.

Dream House: Room 1

이탈리아에서 살았을 때, 저녁 식사에 초대된 적이 있다. 그날 다 같이 마실 와인 한 병을 준비했다.

호스트는 콜롬비아에서 온 치과 의사 부부였다. 처음 만났을 때, 그들의 고르고 하얀 치아가 유난히 눈에 띄었다. 유럽에서 의학을 배우고 싶어 이탈리아로 왔다고 했던 부부. 그들의 집은 아담하면서도 아늑했고, 정갈하게 정돈된 공간이었다. 서가에는 전공 서적과 모형 잇몸들이 가득했다. 그들의 직업이 명확하게 드러나는 집이었다. 또, 주방에는 요리를 향한 열정이 보이는 각종 조미료들과 조리 도구들이 나란히 정돈되어 있었다.

집 구석구석을 구경하던 중 서재 한 켠에 축구 유니폼과 공이 전시된 것을 보았다. 나는 자연스럽게 남편의 취미가 축구라고 생각했다. 하지만 그것은 착각이었다. 축구는 아내의 취미였고, 요리는 남편의 것이었다. 예상과는 달랐지만, 이 역시 그들이 집을 통해 표현한 부분이었다. 집은 그들의 이야기를 말없이 들려주고 있었다.

식탁 위에는 콜롬비아 요리가 준비되었고, 우리는 그들의 대표적인 음식을 즐기며 서로의 감정을 나누었다. 언어가 서툴렀지만, 표정과 손짓, 사전을 동원하며 소통했다. 그 시간은 언어의 장벽을 뛰어넘은 순수한 교감이었다.

집이라는 공간에 들어가는 행동은 곧 그 사람의 내면에 다가가는 것이다. 집은 단순한 생활 공간을 넘어서, 그 사람을 가장 잘 드러내는 거울과도 같다. 좋은 스피커가 있다면 그 사람이 음향에 진심이라는 것을 알 수 있고, 종교적

이탈리아에서 동료들과

인 물건들이 있다면 신념을 엿볼 수 있다. 강아지 패드를 보면 그곳에 반려동물이 있음을 짐작할 수 있다. 수집하는 물건들로 취미와 관심사도 알 수 있다.

그래서 나는 생각했다. 집은 결국 가장 나다워질 수 있는 공간이자, 나 자신을 투영하는 곳. 그리고 그 안에서 마음이 가장 안정되는 장소가 아닐까?

집, 그리고 그보다 더 작은 자기 방은 우리가 자신의 철학을 온전히 표현할 수 있는 유일한 공간이다. 그 공간은 단순히 머무르는 장소가 아니라, 자신의 내면과 삶의 방식을 담아내는 거울과도 같다. 우리는 집을 통해 자신의 취향과 생각을 드러내고, 그 안에서 나다움을 발견한다.

그렇다면 당신의 집은 어떤 모습인가? 그 공간은 어떤 철학을 담고 있는가? 집이 단순한 주거 공간을 넘어서, 우리의 가치와 꿈을 반영하는 장소가 될 때, 비로소 그 공간은 살아 숨쉬기 시작한다. 집은 단순히 소유의 문제가 아니다. 그것은 우리가 어떤 삶을 꿈꾸고, 어떻게 살아가고 있는지를 말해주는 가장 강력한 표현 도구다.

그래서 우리는 집, 나아가 나만의 공간을 철학해야 한다. 집은 그저 몇 개의 벽과 가구로 채워진 물리적 공간이 아니라, 삶의 철학이 담긴 장소가 되어야 한다. 그 공간이 나를 담아내고, 나의 꿈과 이야기를 말해줄 수 있을 때, 비로소 집은 그 자체로 나의 일부가 되는 것이다.

Room 2

개인화와 집의 변화

혼자 사는 사회

지하 차고를 포함해 총 3층. 큰 저택 인테리어 프로젝트를 맡았을 때였다. 당시 나에게 대형 저택 인테리어 프로젝트는 큰 도전이었다. 나는 운이 좋았다. 집 인테리어 할 때 디자이너가 가장 먼저 하는 일은 항상 같다. 공간별로 누가, 어떻게 사용할지부터 정리하는 것. 하지만 그 집은 나에게 유난히 낯설게 다가왔다.

1층 크기는 엄청 컸지만, 구성과 용도는 보통의 주택과 다르지 않았다. 주방과 거실, 가족이 함께 사용하는 공용 공간들이 자연스럽게 계획되어 있었다. 문제는 2층이었다. 2층은 가족 구성원들의 방이 있었는데, 거기서부터 이상한 느낌이 들었다. 부부가 각자의 방을 따로 갖고 있었다. 남편의 방, 아내의 방, 그리고 그 두 방 사이에는 공용 드레스룸과 욕실이 자리 잡고 있었다. 지금이라면 아무렇지 않게 받아들이겠지만, 당시에는 충격이었다. '부부가 각방을 쓴다.'는 것은 곧 관계가 좋지 않다는 의미로 해석되던 시절이었다. 하지만 이상한 건, 그들의 방이 완성되어 갈수록 내 생각도 조금씩 달라졌다는 점이었다. 두 방의 분위기는 완전히 달랐고, 그 차이는 서로의 개성을 존중하는 흔적이었다.

최근 이 저택 프로젝트에 대한 에피소드를 이야기하다가 팀원들의 이야기를 듣게 되었는데, 요즘 MZ세대는 부부의 방이 나눠져있다는 것에 별다른 반응이 없어 보였다. 그들에게는 전혀 낯선 이야기가 아니었다. 그중에서도 막내 디자이너가 이렇게 말했다.

"결혼했다고 꼭 평생 한 방, 한 침대에서 자야 한다는 게 이상하지 않아요? 전 절대 못 할 것 같아요."

막내는 결혼 자체를 부정하는 것이 아니라고 했다. 단지 결혼이란 이름 아래, 누군가와 한 공간에서 평생을 함께해야 한다는 것이 이해되지 않는다는 말이었다. 그 말을 들은 순간, 나는 내가 믿어왔던 것이 어쩌면 오래된 틀일지도 모른다는 생각이 들었다.

'틀린 게 아니라 다를 뿐'이라는 말이 문득 떠올랐다. 지금 생각해보면, 그때의 충격은 낡은 선입견에서 비롯된 것이었다. 우리는 같은 공간에서 살고 있을지라도, 그 안에서 각자의 방식을 존중하며 사는 것이 가능하다. 그 프로젝트를 진행하며 알게 되었다.

부부의 방은 각각 다르게 꾸며졌고, 그들의 삶도 각각의 공간에서 살아 숨 쉬고 있었다. 서로를 의식하지 않고, 마치 무언의 약속처럼 각자의 방에서 휴식을 취하는 그들의 모습을 상상하면 이상하게 평화로워 보였다. 가족이지만 그들은 각자의 공간을 소유하고 있었다.

늘어나는 1인 가구

아직도 대가족이 함께 사는 집이 있을까? 사회가 발전하면서 함께 살던 모습은 사라지고 있다. '재벌집 막내아들'에서 진양철 회장이 침대 판매장을 돌아보며 매출에 대해 고민하는 신이 있다. 침대 매출이 줄어들어 고민하는 계열사 대표에게 진양철이 말했다. 기억 나는 대로 적어 보면 이렇다.

"매출이 떨어진다고 하지만 나는 돈이 보인다. 1인 가구가 늘어나니 1인 가구에 맞는 상품을 팔면 된다."

우리나라의 가구 구조는 과거 대가족 중심에서 현재 1인 가구가 급증하는 형태로 변해가고 있다. 실제로 1인 가구는 폭등했다. 2000년에는 15.5% 정도였던 가구는 35.5%로 급증했다. 가족들로부터 독립한 젊은 층의 1인 가구도 많아졌지만, 70대 이상의 연령층 1인 가구도 많아지는 추세다. 이 변화는 사회적, 경제적, 그리고 문화적 변화와 깊이 연관되어 있으며, 이를 설명할 몇 가지 요인이 있다.

경제적 요인과 자립의 증가

과거에는 경제적 이유로 대가족이 함께 모여 살며 생활비를 분담하고 자원을 효율적으로 활용하는 것이 일반적이었다. 하지만 현대 사회에서는 경제적 독립과 자립이 점점 더 강조되고 있다. 젊은 세대들은 경제적으로 독립할 수 있는 여건이 마련되면 부모와의 동거보다는 독립적인 삶을 선택하는 경향이 커졌다. 또한 여성의 경제 활동 참여가 늘어나면서, 결혼을 미루거나 독신으로 살아가는 경향이 증가하고 있다.

사회적 가치관 변화

과거 한국 사회에서 가족은 사회적 유대의 중심이었으며, 결혼과 출산이 삶의 중요한 부분으로 여겨졌다. 하지만 최근 들어 개인주의적 가치관이 확산되면서, 개인의 삶과 행복을 우선시하는 경향이 강해졌다. 결혼과 출산은 더 이상 사회에서 필수적인 의무로 여겨지지 않으며, 결혼하지 않고 독립적인 삶을 사는 것이 자연스러운 선택으로 받아들여지고 있다. 특히 서울 같은 대도시에서는 인프라 조성이 잘 되어 있어 혼자 살기에 불편함을 느끼는 경우가 적다.

또한 1인 가구는 더 이상 외로움이나 고립의 상징이 아니라, 자신만의 시간과 공간을 가지고 자기 계발과 취미 생활을 즐기는 방식으로 인식되고 있다. 1인 가구 10명 중 7명이 1인 생활에 만족하고 있다. 준비를 못 하고 1인 가구가 된 사람에 비해 준비를 하고 독립한 사람들은 생활 만족도가 높았다. 특히 독립을 준비하며 공간에 대한 이해가 부족하면 생활 만족도가 떨어지는 경향을 보였다. ^(KDI 2024 1인 가구 보고서) 1인 가구는 더 이상 '어쩔 수 없이 하는 독립'`같은 선택지는 아니다.

도시화와 주거 환경의 변화

도시화의 가속화는 1인 가구의 증가에 중요한 역할을 했다. 도시로 점차 인구가 유입되고, 주거 환경이나 인프라 등이 점차 증가했다. 기업들도 점점 도시로 향했다. 학교나 직장 때문에 가족과 함께 사는 삶에서 혼자 사는 삶을 택하는 인구가 늘고 있다. 또는 나만의 공간을 갖고 싶어 독립을 선택한 사람들도 있다.

특히 임대 아파트나 오피스텔과 같은 소형 주택이 늘어나면서, 혼자 사는 사람들이 편리하게 살 수 있는 환경이 마련되었다. 요즘은 쉐어하우스 등을 활용하는 케이스도 많아졌다.

고령화 사회와 1인 가구의 증가

우리나라는 급격한 고령화 사회로 접어들고 있다. 나이가 들면서 자녀와 따로 사는 노인 1인 가구도 크게 늘어나고 있다. 과거에는 부모와 자녀가 함께 살며 부모를 돌보는 것이 일반적이었지만, 현대 사회에서는 노인들이 독립적으로 생활하거나 요양 시설에서 지내는 경우가 많아졌다. 이는 고령화 사회에서 1인 가구가 증가하는 주요 원인 중 하나로 볼 수 있다.

특히 노년층의 경우, 경제적 안정과 건강이 유지되는 한 혼자 생활하는 것이 더 자율적이고 존엄성을 지킬 수 있는 방식으로 여겨지기도 한다. 이러한 변화는 전통적인 가족 구조가 붕괴되는 것처럼 보일 수 있지만, 실제로는 현대 사회에서 가족의 역할과 개인의 선택이 더 다양해졌음을 의미한다.

1인 가구를 위한 산업과 문화의 발달

혼자 사는 사람들을 대상으로 한 소형 가전, 소포장 식품, 맞춤형 서비스 등이 빠르게 성장하고 있다. 이는 1인 가구가 증가하는 사회에서 기업들이 이를 기회로 활용해 다양한 제품과 서비스를 제공하게 된 결과다. 또한, '혼밥'이나 '혼술' 같은 1인 문화도 이제는 자연스럽게 받아들여지며, 이에 맞는 식당이나 카페가 증가하고 있다.

이처럼 우리나라의 가구 구조가 쪼개지고 1인 가구가 급증하는 현상은 경제적, 사회적 변화와 밀접하게 연결되어 있고 자연스러운 현상이다. 과거의 대가족 중심에서 개인 중심의 사회로 변화하면서, 공간의 역할과 의미도 변화하고 있다.

함께 혹은 따로

우리 사회에서 가족이 함께 생활하는 주거 공간은 과거와는 사뭇 다른 모습으로 변해왔다. 과거의 집은 마치 하나의 작은 공동체처럼, 가족 구성원이 함께 어울리며 서로의 삶을 공유하는 따뜻한 공간이었다. 그 시절, 거실은 가족이 자연스럽게 모이는 장소였다. 아버지의 손에 쥐어진 리모컨 하나로, 온 가족이 소파에 나란히 앉아 드라마를 보거나 주말이면 '토요 명화'를 기다리며 함께 시간을 보냈다. 그 시간들은 마치 한 줄기 햇살처럼, 가족의 일상 속으로 부드럽게 스며들었다. 어릴 적만 하더라도 식탁과 거실은 가족 구성원들의 소식들이 공유되거나 함께 시간을 보내는 장소였다. 아침과 저녁밥을 함께 먹으며 하루의 일과 새로운 소식들을 공유하고, 거실에서는 가끔 가족들이 모여 맛있는 회식을 하거나 같은 티비 프로그램을 보면서 시간을 보낸 기억이 있다.

그러나 지금은 조금 달라졌다. 가족이 같은 집에 살고 있지만, 각자의 생활과 취향이 더 중요해졌다. 이제는 거실에 모여 TV를 함께 보는 모습 대신, 각자의 방에서 자신이 원하는 넷플릭스 드라마나 유튜브 영상을 시청하며 각자의 시간을 보낸다. 과거의 거실은 가족이 함께하는 중심 공간이었지만, 지금은 그 역할이 사라지고 있다. 같은 공간에서 머물러도, 각자의 마음은 서로 다른 길을 걷고 있다. 실제로 최근 거실에서 TV를 없애는 사람도 많다.

이 변화는 주거 공간의 구조에도 자연스럽게 스며들었다. 예전에는 가장의 생활 패턴에 맞춰 집 전체의 흐름이 결정되었다면, 이제는 각자의 라이프 스타일이 중심이 되어 주거 공간이 구성된다. 가족 구성원 모두가 각자의 방과 공간에서 자신만의 시간을 보내며, 서로의 독립된 삶을 존중한다. 공용 공간은 그저 잠시 동선이 교차하는 곳일 뿐이다. 각자의 삶이 한집에서 얽히지만, 그 얽힘은 마치 서로 다른 물결이 만나 교차하는 순간처럼 잠시일 뿐이다.

최근 프로젝트로 올수록 상담할 때 소비자들의 마음이 달라졌다는 것을 느꼈다. 과거엔 가족 중 중심이 되는 인물의 의견으로 많은 것들이 결정됐다. 주로 아내가 집 인테리어 할 땐 중심이었다. 그런데 최근으로 올수록 부부가 함께 상담에 적극적으로 참여하거나, 어리지만 자녀들의 취향을 존중해서 결정하는 모습으로 변했다. 이러한 변화는 인테리어 과정에서 과거엔 한가지 스타일이 담겼다면 지금은 여러 스타일이 담길 수 있게 됐다. 그만큼 구성원 수 만큼 고려해야 될 게 많아진 것이다. 심지어 반려동물까지 클라이언트가 되었다.

부부라도 1인 1침대

　　부부가 사는 모습도 많이 달라졌다. 지금은 부부도 1인 1침대를 사용하는 경우가 많다. 이런 모습이 부부 사이를 말해주는 것은 아니다. 점점 개인의 공간이 중요해지다 보니 찾게 되는 자연스러운 취향의 선택이다. 과거엔 결혼을 해도 남편 가족과 함께 살았어야 하기 때문에 부부에게 주어진 건 방 하나였다. 한 침대 한 이불에서 자야 하는 게 당연한 구조다. 지금은 그럴 필요가 있을까? 주변 이야기를 들어보면 각방을 쓰는 경우도 많아지고 있다.

　　이렇게 주거 공간에서 생활하는 사람들의 모습이 달라지다 보니 주거 공간이 가진 기능도 많이 달라졌다. 과거 집에서 해결하던 것들 중 많은 부분이 외부로 옮겨졌다. 지금은 대부분을 비용을 지불하고 그 기능을 이용해야 한다. 가족끼리 함께 모여 식사하는 시간도 따로 식당에서 해결하고, 집으로 초대하기보단 카페에서 주로 만난다. 아이들도 키즈카페 같은 곳에서 놀이 시간을 갖고, 학원을 다니며 공부를 한다. 그렇다면 이제 집에 남은 기능은 무엇이고, 집만이 할 수 있는 기능은 무엇일까? 개개인의 라이프(취향)을 반영한 공간으로 만들어지지 않을까?

주거 공간의 변화

최근 주거 공간의 변화에 코로나도 큰 역할을 했다. 갑자기 집에 머무는 시간이 늘어났다. 그것도 몇 년씩이나. 그때를 떠올려보면 거리가 고요했던 것 같다. 그 시기동안 사람들은 주거 공간을 다양하게 활용했다. 주거 공간은 회사가 되기도 했고, 운동센터나 1인 사업장이 되기도 했다. 집에서 경제활동이나 취미생활 하는 시간이 급증했다. 집이 다양한 활동을 할 수 있는 배경이 되었다.

코로나 시기를 겪은 후 사람들은 공간에 관심을 갖기 시작했다. 실내에 오래 머무는 만큼 공간을 더 효율적으로 활용하고자 했다. 한국 사회에서 주거 공간에 대한 관심이 급증한 것은 매우 흥미로운 변화다. 사람들이 외부 활동을 자제하고 집에서 보내는 시간이 많아지면서, 집의 기능과 디자인에 대한 요구가 크게 변화했다. 이전에는 단순한 생활 공간이었던 집이 이제는 일터, 휴식처, 여가 공간 등 다기능 역할을 하게 되었다.

실제로 팬데믹 기간 동안 가구와 인테리어에 대한 수요가 급증했다. 2020년부터 2021년까지 온라인 가구 판매는 42.4% 증가했으며, 특히 책상, 드레스룸, 주방과 같은 실용적인 가구의 판매가 크게 늘었다. 이는 사람들이 집 안에서 더욱 효율적으로 일하고, 생활하기 위한 공간을 꾸미기 시작했기 때문이다. 또한, 홈 오피스와 멀티 기능 가구의 수요도 증가하며, 공간 활용을 극대화하는 방향으로 인테리어 트렌드가 변화했다.

개인의 취향과 라이프스타일을 반영한 공간

집은 더 이상 가족이 함께하는 공동체적 공간에만 초점을 맞추지 않는다. 이제는 집 안에서 각자의 방이 하나의 작은 세계처럼 꾸며지고, 가족 구성원들이 각자의 취향에 맞춘 삶을 영위하는 공간으로 발전했다. 예를 들어, 한 사람은 서재를 따로 두어 조용히 독서나 업무를 하고, 다른 한 사람은 홈 트레이닝을 위한 운동 공간을 갖추는 식이다. 이러한 맞춤형 공간은 단순한 취미를 넘어, 삶의 질을 높이는 중요한 요소로 자리 잡고 있다.

프라이버시와 휴식의 기능

현대 주거 공간은 개인에게 프라이버시를 제공하며 정신적, 신체적 휴식을 취할 수 있는 중요한 안식처가 된다. 이는 최근에 1인 가구가 급증하면서 더욱 강조되는 부분이다. 바쁜 일상 속에서 개인 공간을 보장하고, 누구의 방해도 받지 않고 온전히 자신만의 시간을 보낼 수 있는 곳이 바로 집이다. 사람들은 자신만의 공간에서 개인적 삶을 즐기고, 재충전의 시간을 갖는다.

감정적 안정과 치유의 공간

집은 여전히 감정적 안정과 치유 공간으로서의 역할을 한다. 바쁜 사회 생활 속에서 지친 마음을 달래는 곳은 집만이 제공할 수 있는 중요한 기능이다. 집이라는 공간은 가족과의 관계가 소원해진다 하더라도, 각 개인이 자신만의 속도로 감정을 정리하고 재정비할 수 있는 장소로 기능한다. 특히 자연을 실내로 끌어들이는 인테리어 디자인, 조용한 명상 공간, 심신을 달래는 조명 등은 이러한 기능을 더욱 강화시켜준다.

기술과 연결된 스마트 홈

또 다른 변화는 스마트 홈이라는 기술의 도입이다. 집은 이제 단순한 물리적 공간을 넘어, 기술과 결합하여 더 편리하고 효율적인 삶을 가능하게 한다. 스마트 기기를 통해 집 안에서 조명, 난방, 보안 시스템을 제어할 수 있으며, 가전제품도 음성 명령 하나로 작동할 수 있다. 집은 이제 개인의 편의를 극대화하고, 효율성을 높이는 플랫폼으로서의 기능을 갖추고 있다.

결국 집은 더 이상 과거의 공동체적인 기능에 국한되지 않는다. 주거 공간은 가족 구성원의 개별적 취향과 라이프스타일을 반영하며, 각자의 프라이버시와 안정을 보장하는 동시에, 외부의 소음과 복잡함으로부터 벗어나는 안식처로 자리 잡고 있다. 주거 공간이 가진 기능은 이제 단순히 '사는 곳'을 넘어, 자기 자신을 표현하고 보호하는 공간으로 변화하고 있다.

인테리어 관심 증가

인테리어에 대한 관심이 증가했다. 국내 인테리어 시장 규모는 매년 가파른 성장세를 보이고 있다. 한국건설산업연구원 등에 따르면 인테리어·리모 델링 시장 규모는 2020년 기준 약 30조원으로 파악됐고, 2025년 37조원에 이어 2030년에는 44조원까지 성장할 전망이다.

과거보다 요즘 아파트에서는 다양한 디자인의 인테리어를 시도할 수 있다. 이는 건축 기술의 발전과 함께, 내부 구조를 보다 유연하고 개인화할 수 있게 된 덕분이다. 특히, 일부 기둥을 제외하고 철거 가능한 비내력벽이 많아지면서, 거주자들은 각자의 취향과 라이프스타일에 맞춰 공간을 꾸밀 수 있게 되었다.

요즘, 사람들은 과거에 비해 인테리어 상담시 적극적으로 디자인에 참여한다. 자신의 라이프스타일을 적극적으로 반영한 주거 공간을 만드는 것은 최근 트렌드 중 하나다. 예를 들어, 벽을 제거해 오픈 플랜 구조, 즉 공간을 구획하는 구조없이 하나의 큰 공간을 구획하는 구조가 유행한다. 이 방식은 더 넓고 개방된 공간을 제공하며, 주거 공간을 다목적으로 사용할 수 있는 유연성을 더해준다. 거실과 주방을 하나로 연결하거나, 필요에 따라 공간을 재배치할 수 있는 구조는 트렌디한 라이프스타일을 반영하고 있다.

또한, 요즘 아파트의 적응성은 미래의 변화에 대비할 수 있는 중요한 설계 요소로 자리 잡고 있다. 예전에는 방마다 고유한 용도가 정해져 있었지만, 요즘은 공간을 자유롭게 재구성할 수 있는 모듈형 설계가 인기를 끌고 있다. 청담동 유명 고급 팬트하우스의 경우 건축 전부터 소유주들이 희망한 공간의 모습을 차량 옵션처럼 선택하기도 했다. 이는 거주자가 자신의 필요에 맞게 공간을 조정할 수 있도록 하며, 특히 작은 아파트에서 그 효과가 크다.

　　이러한 트렌드는 아파트가 단순히 고정된 구조가 아닌, 사용자의 요구에 따라 변형될 수 있는 공간으로 변화하고 있음을 보여준다.

O세권에 살고 있나요?

최근 주거 선택의 기준이 다양화되면서, 여러 'O세권' 용어들이 등장하고 있다. 이는 단순히 거주의 편리함을 넘어서 개인의 취향과 라이프스타일을 반영하는 중요한 요소로 자리 잡고 있다.

버세권은 대중교통인 버스 정류장과 가까운 곳을 의미한다. 버스 이용이 잦은 사람에게 중요하다. 특히 차가 없는 사람들에게는 필수적인 선택 기준이다.

킥세권은 공유 전동 킥보드를 쉽게 이용할 수 있는 지역을 말한다. 도시 내 빠른 이동 수단으로 킥보드를 선호하는 이들에게는 킥세권이 중요한 선택 요소로 떠오르고 있다.

슬세권은 슬리퍼 신고 나갈 수 있는 거리에 편의시설이 있는 지역을 말한다. 집 주변에 편의점, 카페, 슈퍼마켓이 가까워, 언제든지 간단한 외출이 가능한 지역을 선호하는 사람들에게 인기가 많다.

숲세권은 숲이나 공원이 가까운 지역을 의미한다. 도심 속에서 자연과 가까이할 수 있는 환경을 중요하게 여기는 사람들에게 매력적인 선택 기준이다. 산책과 휴식이 가능해, 바쁜 일상 속에서 힐링을 찾는 사람들이 선호한다.

뷰세권은 아름다운 전망을 즐길 수 있는 지역을 말한다. 한강, 바다, 산 등의 탁 트인 경관이 집에서 보이는 집을 선호하는 사람들에게 인기가 많으며, 일상의 심리적 안정을 제공한다.

이러한 다양한 'O세권' 용어들은 주거 공간이 단순한 물리적 공간을 넘어, 개인의 가치관과 생활 방식을 투영하는 중요한 지표로 자리 잡았음을 보여준다.

세대별 집 활용법

Z세대 : 디지털 학습의 공간

Z세대는 유튜브와 같은 미디어를 통해 디지털 학습에 몰두하고 있다. 이 세대는 집을 단순한 주거 공간으로 사용하는 것이 아니라, 온라인 강의를 듣고, 유튜브를 통해 새로운 기술을 습득하며, 자기 계발에 집중하는 공간으로 활용한다. 이들의 방은 디지털 학습실이자, 그들이 인터넷을 통해 세상과 소통하는 창구가 된다. 방 한 켠에 놓인 컴퓨터와 책상은 그들의 자유로운 학습과 창작의 공간을 상징한다.

밀레니얼 세대 : 재택근무와 부업의 중심

밀레니얼 세대는 재택근무와 부업을 통한 경제적 독립에 집중하고 있다. 이들은 집 안에 작은 오피스 공간을 만들어, 일과 삶의 균형을 맞추려 한다. 특히, 부업이나 투잡에 대한 관심이 많아, 공간을 효율적으로 나눠 사용하는 것이 이들의 주거 방식이다. 거실이나 침실 한 구석에 놓인 작업용 책상과 컴퓨터는 밀레니얼 세대의 하이브리드 라이프 스타일을 반영한다.

X세대 : 아이와 함께하는 생활

X세대는 가족과 특히 아이와 함께하는 시간을 소중하게 생각한다. 이들은 집을 아이와 공동체적 공간으로 활용하며, 거실이나 주방은 단순한 생활

공간이 아닌 가족의 활동 중심지로 변모한다. 아이와 함께하는 놀이 공간, 공부하는 공간, 함께 식사하는 공간 등 가족 교감을 우선한다.

베이비붐 세대 : 건강과 모임의 장

베이비붐 세대에게 집은 건강 관리와 사회적 모임의 공간이 된다. 운동 기구나 홈 트레이닝 장비가 설치된 공간은 이들이 건강을 챙기는 중요한 장소로 활용된다. 또한, 사교 모임을 중시하기 때문에 집에서 친구나 지인을 초대해 함께 시간을 보낼 수 있는 공간을 잘 꾸며둔다. 다이닝 룸이나 거실은 사적인 모임을 위한 장으로, 이들이 관계를 유지하는 중요한 역할을 한다.

실버 세대 : 혼자 사는 안락한 보금자리

실버 세대에게 집은 혼자만의 삶을 영위하는 공간이다. 이들은 편안하고 안전한 주거 환경을 중요하게 생각하며, 나이가 들면서 집 안의 동선이 불편하지 않도록 조정하는 등, 실용적인 사용을 중시한다. 실버 세대의 집은 안정감과 편안함을 추구하는 공간으로, 필요에 맞게 단순하고 깔끔하게 꾸며져 있다. 혼자만의 시간과 취미 생활을 즐기기 위한 작은 서재나 TV 시청 공간이 그들에게 중요한 요소다.

시대별 주거 공간

1970-80년대

(압구정동 한양 5차 108B : 1979.11월 승인)

(성수동 1가 동아 105A : 1983.09월 승인)

70, 80년대 30평대는 보통 복도식 아파트가 많다. 2BAY구조로 거실과 안방침실이 남향인 경우가 많다. 이때 당시에는 거실과 안방침실(MASTER ROOM)의 크기가 거의 동일하다. 화장실은 대개 1개이고, 주방의 비중이 적어 사이즈가 협소하다. 현관에 들어서서 주방의 공간을 지나쳐야 거실이 나오는 구조이다.

1990-2000년대

(구의동 현대2단지아파트 104 : 1996.12월 승인)　(신공덕동 브라운스톤공덕 107 : 2009.02월 승인)

보통 90년대 아파트는 2BAY구조는 동일하다. 90년대부터는 대게 계단식 아파트로 30평대다. 이전과는 다르게 안방 침실에 화장실이 하나 더 늘었다. 현관에서 거실이 바로 보이는 탁 트인 구조들이 많다.

2000년대 아파트부터 3BAY가 등장하기 시작한다. 거실 공용부와 주방 공용부가 평행선상에 있어서, 가족 간의 소통이 용이하다. 보통 16층 이상의 층에서 천정형 에어컨 매립이 별도의 작업 없이 가능하다.

2010년대-현재

(아크로힐스 논현 2014.12월 승인)   (다산아이비플레이스 2021.1월 승인)

3BAY, 4BAY, 타워형, 판상형 등 선택지가 다양한 여러 타입의 30평대가 나타났다. 방들의 크기가 줄어들고 공용부의 크기가 늘어났으며, 대게 스프링클러가 설치되어 있다. 웬만하면 모든 층수에 천정형 에어컨 설치가 가능하다. 현재로 올수록 여러 형태의 구조들이 더 많이 나오고, 수납공간까지 기획되어 나왔다. 팬트리나 드레스룸, 화장대, 알파룸 등 다양한 옵션이 나오게 되었다.

꿈꾸는 공간이 현실이 되다

확실한 건 요즘은 개인 라이프스타일과 취향적 선택이 그 어느 때보다 중요해졌다. 첫 만남은 언제나 긴장된다. 이번 의뢰인은 어린 자녀를 둔 젊은 부부였다.

인사를 나누고, 의뢰인에게 마실 것을 준비하는 동안 그들에게 설문지를 건넸다. 아침에 몇 시에 일어나는지, 퇴근 시간이 언제인지, 술은 얼마나 마시는지 같은 생활 습관을 묻는 설문지였다. 마치 병원에 처음 방문했을 때 기본 차트를 작성하는 것처럼, 그들의 생활 패턴을 진단하는 작업이었다. 비록 짧은 시간이었지만, 그들의 삶을 훑어보는 기회였다.

아내는 아침에 일찍 일어나 요가를 하고, 아이의 등원을 준비한다. 평소에는 일과 육아 때문에 술을 즐기지 못하지만, 주말이 되면 남편과 함께 맥주 한 잔을 즐긴다. 남편은 교대 근무로 출퇴근 시간이 일정하지 않고, 이른 퇴근 날에는 혼자 아이를 데리고 외식을 한다. 그들의 대화 속에서 아이와 남편만의 비밀 약속이 언급되었을 때, 그들의 삶에 깃든 작은 이야기를 엿볼 수 있었다.

부부는 침실 공간에 대한 솔루션이 필요했다. 각자의 수면 시간이 방해받지 않도록, 침대를 분리하고 안방 욕실 출입 쪽에 별도의 공간을 만들었다. 더불어, 운동과 독서에 집중할 수 있는 개인 공간과 아이를 위한 공간도 필요했다. 그래서 우리는 취미 공간과 아이의 공간으로 나누기로 했다. 부부의 활동은 시간이 겹치지 않았고, 정적인 취미 활동이었기에 같은 공간에서 서로를 방해하지 않았다.

부부는 주말에 시간을 함께 보냈다. 저녁에는 맥주를 마시며 시간을 보낸다는 말을 듣고 홈바를 꾸미기로 했다. 아내가 좋아하는 오렌지 컬러를 포인트로 주었고, 맥주 전용 냉장고를 두었다. 그동안 해외에서 수집해 온 병따개들은 홈바 후면을 꾸며주어, 그들의 취향과 기억이 담긴 공간을 완성했다.

일주일의 생활 습관을 따라가다 보니, 자연스럽게 집은 그들의 가족을 위한 공간으로 완성되었다. 우리는 불편한 부분들을 개선하면서, 미래의 행복한 나날들을 이야기했다. 얼마나 즐거운 대화였을까. 그들의 미래에 대한 희망과 기대는 대화를 더 활기차게 만들었고, 나는 그들이 꿈꾸는 공간을 현실로 만들어 줄 준비가 되었다.

미래지향적인 대화는 사람을 언제나 즐겁게 만든다. 그것은 그들에게도, 그리고 나에게도 마찬가지였다.

Pre-Design Checklist

Client Profile

▶ 성별

○ 남   ○ 여

▶ 직종

_____

▶ 연령대

○ 20대 ○ 30대 ○ 40대 ○ 50대 이상

▶ 가족구성원 (반려동물, 자녀 계획이 있다면 자유롭게 기재)

_____

▶ 이유디자인을 알게 된 경로

○ 인스타그램 ○ 네이버 검색 ○ 블로그
○ 오늘의 집   ○ 유튜브   ○ 기타(아래 구체적으로 제시)

Client Lifestyle

▶ 평소 기상 시간대

○ AM: 05시~07시
○ AM: 07시~08시
○ AM: 08시~10시
○ 기타

▶ 평소 출근 시간대

○ AM: 05시~07시
○ AM: 07시~08시
○ AM: 08시~10시
○ 기타

▶ 평소 퇴근 시간대

○ PM: 05시~07시
○ PM: 07시~08시
○ PM: 08시~10시
○ 기타

▶ 식사 패턴

○ 주로 외식을 합니다.
○ 집에서 요리를 즐겨합니다.
○ 집에서 배달을 즐겨합니다.

▶ 손님 방문 빈도수

○ 일주일에 2번 이하
○ 일주일에 3번 이상
○ 거의 방문하지 않음

▶ 음주를 즐기는 편인가요?

○ 거의 하지 않음
○ 한달에 1~2번
○ 일주일에 2회 이상
○ 기타

▶ 술의 주종이 어떻게 되시나요?

○ 소주, 맥주
○ 위스키
○ 와인
○ 기타

▶ 홈 스타일링 여부

○ 전체 홈스타일링 의뢰합니다. (가지고 있는 가구가 없습니다.)
○ 부분적 홈스타일링 의뢰합니다.
○ 홈스타일링을 받지 않겠습니다.

▶ 선호하는 컬러를 2개 선택해 주세요.

블랙　화이트　그레이　베이지

오크　월넛　레드　핑크

옐로우　그린　블루　네이비

▶ 좋아하는 소재를 2개 선택해 주세요.

우드 / 원목　패브릭　대리석

메탈 / 철재　유리　페인트

▶ 선호하는 키워드를 3개 선택해 주세요.

\# 심플한　\# 깨끗한　\# 모던한　\# 내추럴한
\# 미니멀　\# 비비드　\# 우아한　\# 클래식
\# 동양적　\# 트렌디

▶ 주로 시간을 보내는 공간

○ 거실　　○ 침실　　○ 서재 및 작업실
○ 주방　　○ 기타 _____

▶ 즐겨하는 취미가 있다면
EX) 운동, 게임 등 자유롭게 기재해 주세요.

▶ 그 외 생활 습관이 있을까요?
EX) TV 보며 밥을 먹어요 / 자기 전에 책을 읽어요 등 자유롭게 남겨 주세요.

▶ 이전 집에서 가장 불편했던 점은?
(개선하고 싶은 점을 중심으로 자유롭게 남겨 주세요.)

▶ 그 외 생활 습관이 있을까요?
EX) 손님을 초대하여 모일 수 있는 공간이 필요해요 / 아이들 놀이공간이 필요해요

▶ 이 집에서 꼭 이루고 싶은 소원 한가지는?
EX) 이 집에서 사업이 번창했으면 좋겠습니다.

Room 3

성공한 사람들은 어떤 공간에 살까?

내가 자주 가던 롯데월드몰이지만, 시그니엘 레지던스로 향하는 주차장은 한 번도 가보지 않은 길이었다. 이곳은 사전에 차량 등록을 해야만 들어갈 수 있는, 엄격한 출입 절차를 갖춘 곳이었다. 방문 차량은 지하 4층에 주차해야 했고, 그곳까지 내려가는 동안, 마치 모터쇼에 온 것 같았다. 평소 한 번쯤 보고 싶었던 고급 차들이 즐비했고, 생소한 모델도 눈에 띄었다. 이곳에선 일상적이지 않은 순간조차도 일상이 되는 것 같았다.

지하 1층부터 확인 절차를 거쳐 42층으로 올라갔다. 방문을 위해 신원 확인을 하는 일은 마치 비행기 탑승 수속을 하는 기분이었다. 다른 세계로 향하는 문. 42층에 도착하니 로비가 있었고, 호텔에 온 느낌이 들었다. 여러 조형물이 로비에 자리 잡고 있었다. 조형물보다 서울을 내려다볼 수 있는 압도적인 풍경에 살갗이 따끔했다. 42층의 로비는 하늘에 떠 있는 판테온이었다. 서울을 조망하는 공간, 모두가 선망하는 가치, 가격이 가치를 대변하는 것이 아니라 가치를 가격이 대변한다고 봐야 했다.

로비에는 거주민을 위한 카페가 자리 잡고 있었다. 창밖의 멋진 풍경을 배경으로 여유롭게 놓인 테이블들이 배치되어 있었다. 이곳은 단순한 만남을 위해서도, 혹은 중요한 이야기를 나누기에도 적합한 장소였다. 내가 도착했을 때도 이미 미팅을 위해 온 사람들이 몇몇 있었다. 그들을 보며 잠시 생각에 잠겼다. 이곳은 내가 평소 인테리어 미팅을 위해 다니던 다른 장소들과는 달랐다. 같은 목적을 가지고 이곳을 찾았지만, 그 무게감이 남다르게 느껴졌다. 마치 더 중요한 일이 기다리고 있는 것처럼 차분하고 신중해졌다. 그 순간, 공간이 사람에게 얼마나 큰 영향을 미치는지 뼈저리게 느꼈다.

같은 일을 하는 미팅 자리였지만, 그곳에 있자 마치 내가 굉장히 중요한 일을 하는 사람인 것처럼 느껴졌다. 공간이 사람에게 미치는 그 묘한 무게감. 성공한 사람들은 이런 사실을 너무나 잘 알고 있었던 게 아닐까. 그들은 호텔 라운지나 고급스러운 환경에서 일하고 관계를 맺으며, 자신을 그 공간 속에 자연스럽게 녹여냈다. 마치 그 공간의 기운을 자신의 것으로 만드는 것처럼 말이다.

그리고 나는 깨달았다. 그곳에서 느낀 묘한 차분함은 단순한 장소의 변화가 아니라, 그 공간이 내게 부여한 무언가 더 깊은 의미에서 비롯된 것이었다.

시그니엘 로비의 조형물과 카페

나 ⇆ 공간

사람은 환경 영향을 받는 존재다. 일상의 환경, 곧 우리가 사는 공간은 우리의 감정과 행동에 끊임없이 영향을 미친다. 스스로 만들어가는 공간, 꾸며진 분위기 속에서 사람은 영향을 받기 마련이다. 결국, 어떤 공간을 선택하고 어떻게 가꿀 것인가는 그 사람이 어떤 삶을 살게 될지를 결정짓는 중요한 요소가 된다.

공간이 사람을 만든다

성공의 기준은 사람마다 다르지만 한 가지 분명한 사실이 있다. 성공한 이들은 하나같이 자신의 공간에 신경을 쓴다. 집이나 사무실 책상조차도 그들의 성격과 삶의 방식이 고스란히 반영된다. 그들은 환경이 주는 영향을 누구보다 깊이 인식하고 있었다. 결벽에 가까운 정리 상태를 보여주는 집무실, 많은 아이디어를 저장해 놓은 듯한 정리 안되어 보이는 서재는 나름의 규칙이 존재하기도 한다. 빛 하나 들어올 구멍이 없는 침실 등 성공한 사람에게 공간은 물리적인 공간을 넘어, 그곳을 누리는 사람이 어떤 존재인지 그리고 어떤 삶을 살아가는지를 가장 잘 보여주는 곳이 된다. 공간은 결국 사람을 만든다. 그리고 사람은 그 공간의 영향을 받는다.

성공한 기업의 공통 특징

내 파트너는 상업 공간을 디자인하며 업무 특성상 기업 대표들을 만난다. 그가 말하는 기업가들의 공통적인 특징이 있다. 성공한 기업가들의 집무실은 달랐다. 성공한 기업 대표 집무실일수록, 깔끔하게 정돈되어 있었다.

한 번은 종로에 위치한 외국계 투자금융회사 임원 회의실에서 미팅했다. 건물 가장 높은 층에 위치한 회의실에서 창문을 통해 바라본 서울의 북악산 절경은 그야말로 압도적이었다. 그 회의실 또한 완벽하게 정돈되어 있었고, 창 너머의 풍경처럼 명확하고 고요한 성공의 흔적을 보여주는 듯했다.

공간은 그 자체로 사람의 마음을 비치는 거울과 같다. 정돈된 공간은 곧 그 공간을 사용하는 사람이 자신의 일과 삶을 정리하고 있다는 증거다. 이는 단순한 정리정돈의 문제가 아니라, 그 사람의 사고방식과 미래에 대한 준비성을 반영하는 것이다.

공간을 보면 사람이 보인다

"공간을 보면 그 사람을 알 수 있다."는 봉준호 감독의 영화에서 그 진가를 발휘한다. 봉준호 감독은 영화 속에서 공간을 단순한 배경이 아닌, 인물의 성격과 계층을 드러내는 강력한 도구로 활용한다. 그의 별명 '봉테일'이 암시하듯 장면 하나하나, 소품 하나까지도 세심하게 의미를 담아낸다. 이런 디테일 속에서 등장인물의 캐릭터가 공간을 통해 더 명확하게 드러난다.

예를 들어, 기생충을 떠올려보자. 박 사장 가족이 사는 현대적이고 세련된 집은 마치 그들의 삶이 완벽하게 보호된 듯한 요새처럼 보인다. 넓고 깔끔한 공간, 높은 창을 통해 보이는 푸른 정원, 그 모든 것이 그들의 경제적 우위를 상징한다. 하지만 반지하에 사는 기택 가족의 집은 반대로 어둡고 좁으며, 창밖으로는 쓰레기 더미가 보인다. 그 공간의 모습이 곧 그들의 처지이자 운명을 상징한다. 두 공간은 상반되지만 그저 무심코 지나치는 배경이 아니라, 각 인물의 내면을 시각적으로 전달하는 수단이 된다.

이처럼 봉준호는 공간을 단순히 인물의 배경으로 활용하는 것이 아니다. 공간 자체가 그 인물의 일부가 되고, 때로는 공간이 인물의 이야기를 대신 전한다. 마치 우리가 공간을 통해 그 사람의 마음을 들여다보는 것처럼, 봉준호 감독은 공간을 통해 인물의 숨겨진 내면을 드러낸다.

Dream House: Room 3

히가시노 게이고의 소설에서도 종종 느껴지는 이 감각은 마치 공간이 인물과 교감하고, 그들의 심리를 반영하는 듯한 분위기를 자아낸다. 공간은 단순한 배경이 아니라, 인물과 함께 호흡하며 그들의 이야기를 담아내는 살아있는 존재다.

성공적인 삶과 행복을 위해 우리는 몸과 마음을 가꾼다. 삶에서 더 나은 자신이 되기 위한 끝없는 노력이 필요하듯, 공간에 의미를 부여하는 일도 마찬가지다.

겉만 꾸미는 것이 아니라, 그 안에 담긴 의미를 찾아야 한다. 공간을 인문학적 시선으로 바라보면 우리가 그 안에서 어떻게 생각하고, 어떻게 행동하며, 어떤 감정을 느끼는지를 이해할 수 있다. 마치 소설 속 한 장면처럼, 공간은 그 안에 살아가는 이들의 이야기를 담고 있다. 작은 소품 하나, 벽에 걸린 그림 한 장까지도 그 공간의 주인을 말없이 드러낸다.

인테리어에서 가장 신경을 쓰는 부분은 시각적인 만족감이었다. 하지만 시각적인 만족은 시간이 지남에 따라 떨어진다. 취향이 변할 수도 있다. 이에 비해 공간에 의미를 부여해 꾸민다면 일시적인 만족에서 벗어나 개인의 삶과 연관 지을 수 있다. 이는 능률뿐만 아니라 성취에도 긍정적인 영향을 끼친다.

성공한 인물들의 공간

스티브 잡스(Steve Jobs) - 단순함과 명확함을 담은 집

애플의 공동 창립자인 스티브 잡스는 미니멀리즘과 단순함을 삶의 철학으로 삼았고, 이는 그의 집과 생활 공간에도 그대로 반영되었다. 잡스는 집에 가구를 거의 들이지 않았다. 잡스는 집이 단순하고 기능적이어야 한다고 생각했으며, 복잡한 장식이나 불필요한 물건을 배제하고 본질에 집중하는 방식을 통해 창의성을 극대화했다. 그가 추구한 단순함과 명확함은 제품 디자인에도 영향을 미쳤다. 그는 명확한 생각과 혁신적인 아이디어가 탄생할 수 있는 집에서의 평온함을 강조했다.

오프라 윈프리(Oprah Winfrey) - 집은 "에너지의 중심"

오프라 윈프리는 집을 삶의 중심 중 하나로 여겼다. 그녀는 자신의 집을 '영적인 중심'으로 생각하며, 매일의 에너지를 채우고 안정을 찾는 공간으로 여겼다. 그녀는 한 인터뷰에서 "내가 집에 들어설 때는, 내가 누구인지 명확하게 깨닫는 공간이 필요하다"라고 말했다. 오프라는 공간이 주는 에너지가 중요하다고 생각했으며, 이를 위해 집의 모든 부분에 세심한 주의를 기울였다. 캘리포니아 몬테시토에 위치한 오프라의 집은 넓은 정원과 함께 자연의 조화를 강조하며, 그녀가 스트레스를 해소하고 내면의 평온을 찾는 중요한 장소로 꾸몄다. 오프라는 집에서 방송과 사업 같은 바쁜 일정을 소화할 수 있도록 에너지를 얻는 곳이었다.

일론 머스크(Elon Musk) – "집은 어디에 있든 무관하다"

테슬라와 스페이스X의 CEO 일론 머스크는 집에 대한 일반적인 개념과는 조금 다른 시각을 갖고 있다. 그는 한때 호화 저택을 여러 채 소유했지만, 최근에는 "필요 이상의 부는 나를 가두는 감옥"이라는 이유로 모두 처분했다. 그는 이제 최소한의 생활 공간만을 유지하고 있으며, 이동식 모듈러 하우스에서 생활하기도 했다. 머스크는 성공을 이루는 데 있어 집은 중요한 역할을 하지 않았다고 말한다. 그에게 집은 단순히 잠을 자고 재충전하는 곳일 뿐, 나머지 시간은 일에 몰두했다.

프랭크 로이드 라이트(Frank Lloyd Wright) – 집과 자연의 조화

유명 건축가 프랭크 로이드 라이트는 건축물, 특히 집과 자연의 조화를 강조했다. 그는 "인간과 자연이 하나로 어우러지는 집"을 설계하는 데 집중했고, 이를 대표하는 사례가 '낙수장(Fallingwater)'이다. 이 집은 바위 위에 지어졌고, 바로 아래로는 폭포가 흐르고 있다. 라이트는 집이 자연의 일부로 녹아들어야 한다고 믿었으며, 그가 설계한 주택들은 그 철학을 그대로 반영했다. 그는 집이 단순히 생활 공간을 넘어, 사람에게 영감을 주고 내면의 평온을 가져다주는 장소라고 보았다. 라이트는 집이 인간의 삶에 미치는 정서적, 심리적 영향을 중시했다.

Room 4

방은 나를 닮는다

어릴 적 놀러 간 친구의 방은 그 친구를 닮았다. 벽에는 온통 야구 포스터가 붙어 있고, 책장엔 만화책이 빼곡하게 쌓여 있었다. 농구 선수 브로마이드가 방 전체를 장식하고, 음악으로 가득 찬 공간이었다. 방을 보면 자연스레 그 친구의 성격과 관심사를 확인할 수 있었다. 방을 떠올리면 그 친구의 모습도 함께 그려졌다.

지금 우리의 방은 어떤가? 우리를 닮은 공간일까? 그저 잠시 머물다 가는 장소일 뿐인가? 어느 순간, 우리는 자신을 표현하고 싶은 것들을 스마트폰 속 SNS에 빼앗긴 건 아닐까? 작은 화면 속에서 자신을 꾸미는 일에는 많은 시간을 쏟지만, 정작 우리가 매일 머무는 방은 그저 옷을 걸어놓고, 잠을 자는 기능만 남은 것은 아닐까?

시간이 흐르면서 방과 교감하는 순간은 점점 사라지고, 방은 우리가 잠시 머물다 가는 장소로만 남아버렸다. 더 이상 방은 우리를 드러내지 않는다. 우리가 머물고 있는 곳은 그저 '이동 중인 정류장'일 뿐, 자신의 취향과 삶을 담아내는 진정한 공간은 아니게 되었다. 마치 유목민처럼, 때가 되면 이사를 하고 또다시 떠나는 사람들이 많아졌다. 요즘 '노마드'의 삶을 추구하는 이들이 늘고 있지만 적어도 자신의 방, 자신의 집만큼은 '머무는 곳' 이상의 의미를 가졌으면 좋겠다. 자신이 누구인지, 무엇을 좋아하는지, 어떻게 살아가고 싶은지를 공간 속에 담아내고, 그 속에서 진정한 '나'와 만나는 시간이 필요하지 않을까. 결국 공간은 우리 자신을 비추는 거울이니까.

집의 진정한 가치

집의 가치를 논할 때 부동산을 빼놓을 순 없다. 우리 주변에서도 아파트 매매로 차익을 얻은 이야기들이 어렵지 않게 들린다. 열심히 일해서 번 돈을 모으는 것보다 많은 수익을 단번에 올릴 수 있어 달콤하게 들린다. 그러다 보니 집이 거주의 목적보다 투자의 목적으로만 여기는 경우를 많이 본다. 집은 더 이상 사는 공간이 아니다. 파는 공간이 되었다.

'나 혼자 산다'라는 방송 프로그램은 유명인들의 일상을 보여주면서 인기를 얻었다. 매체에서 봤던 모습에서 벗어나 집에서 생활하는 자연스러운 모습을 보여준다. 방송 카메라가 있기 때문에 100% 리얼은 아니겠지만, 방송을 시청하는 사람들은 자연스럽게 공감되는 모습들에 호감을 더욱 느낀다.

사람들에게 집은 그런 공간이지 않을까? 잠자고, 부스스한 모습으로 일어나 게으름도 좀 피우고, 터벅터벅 식탁에 대충 앉아 좋아하는 음식을 먹고, 공상에 잠시 잠기기도 했다가, 생각에도 잠기고, 하루 종일 어두운 방에서 영화를 틀어 놓고 잠들었다가 깼다가를 반복하기도 한다. 최초 동굴이 인간이 보호될 곳을 찾아 피신한 주거 공간이었던 것처럼 지금의 집도 안식처라 말하는 이유가 여기에 있다. 집은 사회에서 활동하며 긴장한 나를 자유롭게 해주는 유일한 공간이다.

집은 삶에 어떻게 관여하는가?

나에게 진정한 쉼을 주고, 자유를 주는 유일한 공간의 가치가 수치로 환산이 될까?

"집은 나의 삶에 어떻게 관여하는가?"

이 질문에 스스로 그 답을 생각해 보자. 집은 나에게 있어 하루의 시작과 끝이 되어주는 공간이다. 하루를 어떻게 시작하게 될지 결정되는 공간이고, 하루의 마지막을 품어주는 공간이다. 이 하루가 쌓이면 1달, 1년이 되고, 평생이 될 수 있다. 즉, 집은 나에게 삶 그 자체가 될 수 있다는 뜻이다.

공간에 따라 행동이 달라진다

공간은 건축적으로 인간의 행동에 영향을 준다. 공간의 형태에 따라 답답함을 느끼기도 하고, 웅장함을 느끼기도 한다. 벽으로 막혀 있으면 멈추고, 복도에서는 걷는다. 공간을 어떻게 만들어 놓느냐에 따라 행동도 달라진다는 뜻이다.

그렇기 때문에 우리는 한 번쯤 꼼꼼하고 깊은 의미를 두고 우리 주변 공간을 살펴보고 생각해 볼 필요가 있다.

생활 공간을 되돌아보자

행복한 삶, 꿈이 이루어지는 삶을 바란다면 가장 중요하게 다뤄야 하는 건 우리가 생활하는 공간이다.

공간은 우리의 감정, 사고, 심지어는 행동까지도 크게 좌우한다. 우리가 머무는 장소가 우리에게 얼마나 중요한지, 몇 가지 근거를 통해 살펴보자.

공간은 우리에게 심리적 안정을 준다

공간은 사람의 정서적 안정과 직결된다. 하버드 의학전문대학원(Harvard Medical School)의 연구에 따르면, 정돈된 환경은 스트레스를 줄이고 생산성을 높이며, 우리의 심리적 안정에 기여한다. 반면, 어지럽고 혼란스러운 공간은 스트레스를 높이고 집중력을 저하시킬 수 있다.

공간은 생산성을 올려준다

생활 공간이 단순히 휴식 장소를 넘어서 생산성을 올려준다는 점도 중요하다. 재택근무가 늘어나면서 더욱 부각되고 있다. 잘 설계된 공간, 자연광이 충분히 들어오는 환경, 그리고 효율적으로 배치된 가구들은 업무 집중력을 높이는 데 결정적인 역할을 한다.

공간은 우리의 정체성을 보여준다

공간은 우리의 정체성을 반영하기도 하다. 자신을 닮은 공간을 만드는 과정은 우리가 스스로를 표현하고, 그 안에서 더 나은 자신이 되기 위한 중요한 과정이다. 이는 단순한 인테리어 이상의 의미를 가지며, 삶의 질을 결정짓는 요소가 된다. 개인이 공간을 가꾸고 그 공간에서 에너지를 얻을 수 있다면 이는 더 큰 성취와 연결된다. 한 정신과 의사는 개인화된 공간이 개인의 정체성 구축과 심리적 안정에 중요한 역할을 한다고 언급했다.

공간은 인간관계에 영향을 준다

공간은 인간관계에도 영향을 미친다. 깔끔하고 따뜻한 분위기의 공간은 소통과 관계 형성에 긍정적인 역할을 한다. 반대로 어수선한 공간은 무의식적으로 사람들을 불편하게 만들고 대화의 질에도 부정적인 영향을 미칠 수 있다. 가족, 친구, 동료와의 관계에서 공간이 주는 중요성은 커다란 영향을 미친다.

Design
집은 이렇게 만들자

그럴싸한 계기를 찾고 있었다. 이토록 깊이 인테리어를 사랑하게 된 이유를 설명할 수 있는. 가구회사 면접이 그 시작이었다. 운 좋게 합격했지만, 내 길은 그 안에 없다는 것을 느꼈다. 회사 업무는 흥미로웠다. 내가 맡은 주방 가구 파트는 인테리어의 마지막 단계에 위치해 있었고, 그 덕분에 완성된 집을 자주 봤다. 처음엔 그저 아름답게 꾸며진 공간을 감상하는 정도였지만, 어느 순간부터 문득 궁금증이 생겼다. "이 집에 사는 사람은 누구일까? 이곳에서 어떤 삶을 살아가게 될까?"

상상 속 주인공들은 언제나 행복했다. 신혼집에서 시작되는 설렘, 첫 집을 마련한 사람의 성취, 노후를 준비하는 부부의 따스한 미소. 집이라는 공간은 누군가의 행복이 담긴 그릇이었고, 그 사실을 깨달았을 때 나는 확신했다. 내가 만드는 공간이 단순한 벽과 가구가 아닌, 사람들의 꿈과 삶을 담는 무대라는 것을.

'꿈꾸는 공간을 만들어주고 싶다.' 그것이 내가 인테리어를 시작하게 된 이유다.

가구 회사를 떠나 나만의 길을 걷기 시작했다. 툴을 배우고, 디자인 감각을 익히고, 공간이 완성되는 과정을 몸으로 배웠다. 상담을 할 때마다 고객들에게 묻는다. "어떤 집에서 살고 싶으세요? 어떤 꿈을 꾸고 계신가요?" 그 질문은 우리 여정의 시작이다. 집이라는 공간을 함께 만들어가는 여정 말이다.

계약 후에는 고객들과 미팅을 여러 번 거친다. 첫 번째 미팅은 항상 고객이 현재 살고 있는 집에서 이루어진다. 그 집에 어떤 불편함이 있는지, 수납은 얼마나 되는지, 작은 디테일까지 파악한다. 그들의 취향과 생활 방식이 공간의 모든 요소에 스며들기 때문에, 나는 마치 셜록홈즈가 되어 사건을 해결하듯 집을 살핀다.

미팅이 끝나는 데 3~4시간은 기본이다. 주거 공간은 상업 공간과 달리 모든 것을 처음부터 새로 시작할 수 없다. 기존 구조를 살리면서도 불편한 동선은 개선하고, 적절한 가구 배치로 최적의 공간을 만들어내야 한다. 그 과정에서 가장 중요한 것은 고객이 그 공간에서 꿈꾸는 삶을 이루도록 돕는 것이다.

최근 한 고객이 찾아와 이렇게 말했다.

"상담을 대여섯 군데나 다녀왔지만, 지칠 대로 지친 상태에서 마지막으로 여기를 방문했어요. 솔직히 큰 기대는 없었죠. 그런데 여기서는 '꿈꾸는 집에 대해서' 묻더군요. 그런 질문을 받은 건 처음이었어요. 그 질문 덕분에 계약을 하게 되었죠."

고객의 피드백을 들었을 때, 내 마음에 잔잔한 기쁨이 스며들었다. 고객의 삶을 진정으로 들여다보고 있다는 확신이 나를 더 깊이 이끌었다.

'이 집에서 어떤 꿈을 꾸시나요?' 이 질문은 사람들의 마음을 열고 그들이 정말로 원하는 것이 드러나게 만든다. 공간은 그 자체로 꿈을 이루는 무대가 된다. 초등학생 자녀를 둔 고객에게 물었을 때, 그들은 아직 아이의 꿈을 생각해 보지 않았다고 했다. 하지만 그 이후로, 그 가족은 아이의 꿈에 대해 이야기를 나누기 시작했다.

집은 단순한 건물이 아니다. 우리의 삶이 담긴 가장 기본적인 공간이다. 행복한 꿈을 꾸는 집, 그 꿈이 반영된 공간은 단순히 머무는 장소에서 꿈이 이루어지는 공간이 된다. 그래서 내가 맡는 모든 집은 누군가의 삶을 위해 일하는 마음이 반영된다.

성공한 사업가의 집

청담동에서 80평 규모, 그것도 한강 뷰를 자랑하는 집에서 지낼 사람은 과연 어떤 사람일까? 이 일을 하면서 다양한 사람과 만날 기회가 많다는 점이 가장 매력적이다. 그들의 삶을 아주 잠깐 들여다보는 것, 그들의 취향과 생활 방식을 엿보는 것은 매번 나에게 새로운 인사이트를 준다.

미팅 당일 그는 80평의 공간을 하나하나 나에게 보여주며 원하는 바를 설명했다. 그는 내가 제대로 이해했는지 재차 확인했다. 참고 사진을 보여주거나 특정 공간에서 느꼈던 감정을 공유했다. 그 모습에서 성공한 사람들의 공통점을 느꼈다. 자신이 무엇을 원하는지 명확히 알고, 선명하게 전달하는 능력. 이들은 원하는 바가 확실해서 여러 보기를 제안하면 빠르게 결정을 내린다.

고객은 방 하나하나의 역할과 그 방에서 누리고 싶은 감각에 집중했다. 최근 유행을 따라가기보다 자신이 그리는 환경이 실제로 구현되기를 바랐다. 그는 세세하게 요청했다. 침실의 침대 배치, 창을 통해 들어오는 빛의 양, 커튼의 재질과 두께, 그리고 빛의 투과율까지 고려했다. 요구 사항을 반영하기 위해선 1 - 5mm 단위로도 조정이 필요했다. 그는 자신이 거주할 공간을 하나의 작품처럼 다루고 있었다.

흥미로웠던 점은 그는 집 전체를 하나의 통일된 디자인으로 꾸미려 하지 않았다는 것이다. 클래식이나 미니멀한 스타일로 일관되게 꾸미는 것이 아니라, 각 공간마다 자신의 욕구에 맞춘 독특한 스타일을 추구했다. 중요하게 여기지 않는 부분에서는 1원도 아깝게 여겼다. 반면 필요한 부분은 아낌없이 투자했다. 집은 군더더기 없이 깔끔하고, 필요한 부분은 철저히 만족스럽게 채워졌다. 집주인의 성격이 훤히 보이는 듯했다.

Episode

인플루언서의 집

만족하는 삶을 사는 사람들의 집에 공통점이 있다. 좋은 환경이 무엇인지 알고 있으며, 왜 그런 환경을 만들어야 하는지, 그리고 그 공간을 만드는데 에너지를 많이 쏟는다. 첫 만남부터 에너지가 넘쳤던 인플루언서 소비자. 그는 원하는 바가 확실했고, 자신이 어떤 환경에서 살고 싶은지를 정확히 알고 있었다. 내가 할 일은 그 환경을 어떻게 실현할 것인지에 대한 고민이었다. 아주 작은 디테일까지 신경을 쓰기 시작했다.

미팅에서 거실, 침실, 주방, 복도, 욕실 등 각 공간의 분위기부터 하나하나 상의했다. 예를 들어, 욕실이라면 수전의 종류, 사용하기에 편리한 높이, 조명 밝기와 디자인까지 논의했다. 소비자의 행동 패턴, 원하는 이미지와 그 이미지를 실현하기 위해 필요한 세부 요소들까지도 고민했다. 그런 과정에서 각 공간의 개성과 조화가 필수라는 요청이 떠올랐다. 그는 촬영장으로 사용할 집이 공간마다 포인트가 있기를 바랐고 촬영이 아닌 시간에는 조화로운 공간이 필요하다고 했다. 우리는 과감한 시도도 마다하지 않았다.

인플루언서에게 집은 일터이기도 했다. 그는 집에서 영상 콘텐츠를 촬

Dream House: Design

영하는 만큼, 휴식과 노동의 경계가 모호해지기 쉬웠다. 우리는 홈바를 제안했다. 마치 비밀스러운 안식처처럼, 고급스러운 가구와 함께 그녀의 취미인 주류 컬렉션을 전시했다. 이 장소만큼은 온전한 휴식 공간이 되었다.

소비자들은 자신과 닮은 공간을 원한다. 자아가 실현된 공간, 자신만의 완벽한 공간을 만들기 위해 엄청난 에너지를 쏟는 모습을 보면서 나는 깨달았다. 내 공간을 대하는 태도가 결국 삶을 대하는 태도와 다르지 않다는 것을. 원하는 공간을 만들었을 때, 비로소 원하는 삶을 살 수 있다.

이것이 내가 공간을 디자인하면서 얻은 가장 큰 배움이었다.

성공한 사람들이 생각하는 공간

성공한 사람일수록, 그리고 행복한 가족일수록 집을 꾸미는 데에 들이는 에너지가 다르다. 그들에게 인테리어는 단순히 처리할 작업이 아니라, 자신을 표현하는 중요한 과정이다. 많은 사람들이 인테리어를 부담스러워한다. 분명 시간과 비용이 크게 드는 일이다. 하지만 그렇기 때문에 그 과정을 더 의미 있게 만들어야 하지 않을까?

성공한 사람들은 자신이 원하는 환경에서 벗어나길 원치 않는다. 보편적인 인테리어 공식을 따르기보단 온전히 자신이 원하는 공간이 만들어지길 원한다. 마치 환경을 세팅한다는 느낌이 강하다.

그래서 난 최대한 인테리어 상담 과정에서 최대한 소비자가 원하는 세팅 값을 파악하려고 노력한다. 원하는 결괏값을 알았다면 그 결괏값이 더 잘 나올 수 있는 방법들을 제안한다. 그들의 삶이 더 나아지길 바라는 마음에서다.

인테리어가 지향해야 할 목표

인테리어가 나에게 수단이라면, 그 일을 하는 목적은 사람들의 삶을 풍요롭게 만드는 것이다. 이 생각은 내가 인테리어 작업을 하면서 소비자들에게 진심으로 전달하고자 하는 핵심이다. 단순히 공간을 꾸미는 일이 아니라, 그 공간에서 삶이 어떻게 흘러갈지를 생각하고, 그것을 담아낼 환경을 만드는 것이다. 그래서 소비자에게도 이렇게 묻고 싶다. 집이 나에게 수단이라면, 이 공간의 목적은 무엇인가?

내가 만난 수많은 소비자들은 각자 고유한 이야기를 가지고 있었다. 어떤 부부에게는 집이 단순한 거주 공간이자 일터였다. 그들에게 집은 업무와 휴식을 한데 모아 삶과 일이 교차하는 특별한 장소였다. 또 다른 소비자는 집을 외부와 단절된 채, 오롯이 자신의 시간을 소유할 수 있는 공간으로 여겼다. 그들에게 집은 세상의 소음으로부터 벗어나 평온을 찾는 안식처였다. 누군가에게 집은 가족과의 소중한 시간을 보내는 보금자리로, 외부의 세상과는 단절된 따뜻한 공간이었다.

그렇기에 집은 그저 벽과 가구로 채워지는 공간이 아니라, 그 안에 살고 싶은 삶의 방식을 담아내는 장소다. 나는 인테리어를 통해 그들이 어떤 삶을 꿈꾸는지를 들여다보고, 그 꿈을 현실로 만들어주는 역할을 하고자 한다.

집이 바뀌면 삶이 바뀐다

집이라는 공간은 하루의 시작과 끝이다. 이 한 가지 사실만으로도 집이 삶에서 얼마나 중요한지 알 수 있다. 하루는 어떻게 시작하느냐에 따라 달라지고, 그 시작은 전날의 끝이 어떻게 마무리되었는지에 달려 있다. 미국의 신경과학자 앤드류 후버만도 하루를 어떻게 시작하는지, 그리고 어떻게 마쳤는지에 따라 개인의 생산성이 달라진다고 했다. 우리는 하루의 시작과 끝을 제대로 보내기 위해 집을 고민해야 한다. 마치 잘 맞는 옷처럼, 집은 우리의 일상에 꼭 맞아야만 한다.

삶을 조금 더 깊이 들여다보면, 그것은 결국 하루하루의 축적이다. 삶을 작은 단위로 쪼개면 결국 하루가 남는다. 하루는 작은 삶이다. 우리 인생도 하루라는 작은 조각들이 모여 이루어진 복리와 같다. 그래서 하루가 쌓일 때 삶은 그 하루들로부터 성장해 나간다. 그 하루의 시작과 끝을 보내는 곳이 바로 집이기 때문에 집은 삶을 만드는 가장 중요한 무대인 것이다.

그렇다면 만약 어떤 집에서 사느냐에 따라 삶이 달라진다면, 우리는 어떤 집을 선택할 것인가? 앞서 말한 것처럼 집은 물질적인 가치를 넘어선다. 하지만 이 질문에는 크고 비싼 집도 좋은 답이 될 수 있다. 비싼 집을 소유하는 삶이 어떤 사람들에게는 꿈이기 때문이다. 물론 집의 크기나 가치는 삶의 완성도를 정확히 측정하지는 못하지만 어떤 이들에게는 동경의 대상이 되고, 또 어떤 이들에게는 그 자체로 성공을 상징한다. 그렇기에 우리는 나만의 기준을 세울 필요가 있다. 내가 원하는 삶은 무엇인가? 어떤 삶을 살고 싶은가? 이 질문에 답하는 것이 중요하다.

물질적인 성공을 이룬 사람들은 종종 가치적인 성공을 향해 나아간다. 많은 사람들은 물질적인 성공조차 이루지 못해 발을 동동 구른다. 과연 성공이란 무엇일까? 어떤 형태의 성공이든, 지금 내가 원하는 성공을 이루는 것이 중요하지 않을까? 그러니 우리가 원하는 삶을 닮은 집을 만들어야 한다. 집이 곧 나의 삶이다.

집의 구석구석을 내가 원하는 기준에 맞춰서 살펴볼까? 오늘 아침, 나는 침대에서 눈을 떴다. 이 침대가 놓인 곳을 우리는 침실이라 부른다. 잠을 자고, 옷을 갈아입으며, 하루의 피로를 풀어내는 공간. 그 안에서 나는 나 자신을 재충전한다. 잠은 삶의 질에 엄청난 영향을 끼친다. 그래서 잠을 연구하는 브랜드들이 많아졌다. 좋은 수면 환경을 만드는 것이 얼마나 중요한지 아는 사람들이 점점 늘어나고 있다. 나 역시도 잠에 대한 고민을 시작했을 때, 일상이 달라지기 시작했다. 그렇다면 좋은 수면 환경을 만들기 위해 우리는 어떤 것들을 고민해야 할까?

침실을 설계할 때, 우리는 흔히 첫 번째 단계로 가구 배치와 벽지, 바닥재 등을 고민한다. 조명은 어떻게 할 것인지, 침대를 어디에 둘 것인지 생각한다. 그런데 여기서 멈추지 말자. 진짜 삶을 디자인하고 싶은 사람들은 더 깊이 고민한다. 어떤 침대가 나에게 맞는지, 계절에 따라 어떤 침구의 질감이 좋은지, 침실에서 경험할 자연광의 정도는 어떠한지, 그리고 그 공간을 어떻게 나만의 향기로 채울지. 신라호텔 리모델링 때 이부진 대표는 직접 객실에서 투숙하며 객실의 컨디션을 점검했다. 그녀는 아마도 좋은 환경이 사람의 몸과 마음에 얼마나 큰 영향을 끼치는지를 정확히 알고 있었을 것이다. 솔직히 많은 호텔들을 다녀봤지만, 지금도 객실의 환경은 여전히 신라호텔이 단연 탑이라 생각한다.

침실 다음으로 중요한 공간은 거실과 주방이다. 그저 음식을 먹고 TV를 보는 공간일 수 있지만 그 집에 사는 사람들의 행복을 대변하는 곳이다. 가족들이 식탁에 모여 웃음과 대화를 나누는 장면, 손님을 초대해 따뜻한 환영을 전하는 순간. 그려본 행복이 실제가 되는 순간, 집은 삶에 행복을 전달해 주는 매개가 된다.

현관과 욕실은 자신을 발견하는 공간이다. 현관은 출입구일 뿐만 아니라 하루를 시작할 때 나의 모습을 발견하고, 하루를 마치고 사회의 일원에서 개인으로 돌아왔을 때 나를 반겨주는 공간이 되어야 한다. 잠깐 머무르는 공간이지만, 그 순간이 나를 지탱할 공간이라면 하루의 시작과 끝을 더욱 특별하게 만들 수 있다.

집이라는 공간이 삶의 한가운데에서 우리의 꿈과 미래를 지탱해 주는 단단한 토대가 될 때, 우리는 비로소 그 공간에서 풍요롭고 행복한 삶을 만들어 갈 수 있다.

의미를 부여한 영화 속의 집

아이언맨의 말리부 맨션

토니 스타크의 말리부 맨션은 그의 성격과 삶의 방식을 완벽하게 반영한 공간이다. 이 집은 최첨단 기술로 가득 차 있으며, 스타크의 기술적 천재성과 독립성을 보여준다. 집 안 곳곳에 있는 최신 기술 장비와 인공지능 시스템은 스타크가 얼마나 기술에 의존하고 있는지, 그리고 그가 세상을 바라보는 방식을 상징적으로 드러낸다. 넓고 개방된 구조는 그의 자유로움을, 해안가에 위치한 집은 그가 추구하는 고독과 동시에 세상과의 연결을 보여준다.

그랜드 부다페스트 호텔

영화 속 구스타브 H가 관리하는 그랜드 부다페스트 호텔은 그 자체로 구스타브의 성격과 밀접하게 연결된다. 호텔의 복고풍 스타일과 디테일한 장식들은 그의 전통적 가치와 완벽주의를 반영한다. 이 호텔은 단순한 건축물이 아니라, 그의 세계관을 담아내는 상징적 공간이다. 호텔 내부의 장식과 색채는 구스타브의 우아함과 정돈된 생활을 보여주며, 그가 살아가는 세상의 규칙들을 표현한다.

이처럼 영화 속에서 주인공의 성격을 반영한 집은 단순한 배경이 아니라, 캐릭터의 내면과 삶의 방식을 드러내는 중요한 장치로 사용된다. 다시 말하면 집은 온전히 나를 반영하는 공간이다.

"나와 닮은 집을 만들어야 한다"는 주제는 많은 디자이너와 건축가들이 중요하게 다루어 온 철학이다. 자신만의 공간은 그 사람의 성격, 취향, 삶의 방식을 반영해야 한다는 것은 이미 많은 전문가들이 동의하는 바이다.

유명 디자이너 필립 스탁(Philippe Starck)

프랑스의 대표적인 디자이너 필립 스탁은 자신의 디자인 철학에서 늘 "디자인은 개인의 개성을 반영해야 한다"고 강조했다. 그는 "집은 단순히 물리적 공간이 아니라, 자신이 누구인지 세상에 보여주는 방식"이라고 말한 바 있다. 스탁은 나만의 공간을 통해 정체성과 감정, 그리고 삶의 방식이 어떻게 표현될 수 있는지를 중요하게 여긴다. 그의 철학은 단순히 멋진 공간을 넘어서, 삶을 담아내는 집을 디자인하는 데 초점을 맞춘다.

존 파우슨(John Pawson)

미니멀리즘을 주창한 건축가 존 파우슨은 "공간은 그 공간에 사는 사람의 마음과 사고방식을 반영해야 한다"고 주장했다. 그는 사람들이 단순함과 조화로운 디자인을 통해 자신의 삶을 더욱 명확하게 볼 수 있어야 한다고 말한다. 파우슨의 설계 철학은 자신과 닮은 집을 만들 때 불필요한 요소를 덜어내고 본질에 집중하는 것이 얼마나 중요한지를 강조한다.

건축가 프랭크 게리(Frank Gehry)

프랭크 게리는 "건축은 인간의 감정을 담아내야 한다"고 말했다. 그의 독특하고 유기적인 설계 스타일은 사람들에게 자신의 성격과 삶의 리듬을 담을 공간을 만들어주기 위한 것이었다. 게리는 자신만의 독특한 건축 방식을 통해 공간이 거주자의 개인적인 정체성과 조화를 이루어야 한다고 믿는다.

자신과 닮은 집은 단순히 물리적 구조를 넘어 개인의 감정, 정체성, 그리고 삶의 방식을 반영하는 공간이 되어야 함을 강조하고 있다.

1. 긍정적 집을 만들자

고등학생 때 처음으로 자신만의 공간을 진지하게 생각했다. 하루빨리 성인이 되어 부모님에게서 벗어나고 싶었다. 오로지 내 공간을 갖고 싶은 욕구 때문이었다. 내 공간은 대학교에 입학하면서 갖게 되었다. 책상 위치를 바꾸고, 침대 색깔을 고르며, 침대에 놓일 베개 질감까지도 신경 썼던 그 시간이 나에겐 처음으로 나만의 작은 세계를 만드는 과정이었다. 방 안에 작은 선반을 놓고 좋아하는 책들을 정리할 때마다, 그 작은 공간이 내가 세상을 해석하는 방식을 담아낼 수 있다는 걸 깨달았다.

독립했을 때는 집이라는 공간을 깊이 고민했다. 예전에는 집이 단순히 '살고 나가는 공간'이었다면, 독립 이후에는 내 감정과 생활을 반영하는 거울처럼 느껴졌다. 새로운 공간을 만날 때마다 새로운 방을 꾸미는 시간이 가장 설레기도 했지만 한편으로는 이사를 통해 매번 익숙한 곳을 떠나는 아쉬움도 컸다. 그리고 경제적인 어려움으로 집을 축소해야 되는 상황에선 속상하기도 했다. 인연이 되었던 공간들은 기억 속에서 무언가 따뜻한 추억처럼 남았다.

그 후로 나는 집을 그저 잠을 자는 장소로 여기지 않게 되었다. 집은 내가 하루를 시작하고 끝내는 무대였다. 침실에 들어서서 하루의 피로를 씻어내고, 아침에 창문을 열어 들어오는 햇살을 맞으며 다시 하루를 시작하는 순간들. 그런 일상적인 순간들이 나에게는 아주 중요했다.

특히 비 오는 날, 집안 분위기가 얼마나 달라졌는지를 느꼈다. 창밖에 내리는 빗소리, 살짝 어두워진 조명 아래에서 술 한 잔을 마시며 느꼈던 그 기분은 그저 평범한 하루를 특별하게 만들었다. 그 순간, 집이라는 공간이 단순한 건축물이 아니라, 나의 감정과 삶을 반영하는 공간이라는 사실을 더욱 실감했다.

시간이 지나면서, 내가 사는 공간을 업무 중심으로 바꾸고 싶었다. 그러자 세세한 부분이 눈에 들어왔다. 조명과 가구들을 새로 바꿨다. 작은 변화였지만 집 전체 분위기를 바꾸기에는 충분했고 업무를 대하는 마음가짐까지 변화를 주었다. 그 뒤로 내 공간이나 집을 꾸밀 때마다 긍정적인 에너지가 흐르는 공간을 만들기 위해 노력했다.

내가 생각하는 긍정적인 집이란, 단순히 밝고 화려한 공간이 아니다. 그것은 나의 삶의 리듬을 반영하고, 내가 편안함을 느끼는 곳이다. 집에 들어설 때마다 느껴지는 안락함, 그리고 하루를 마칠 때 내게 주는 따뜻한 환영이야말로 진정한 긍정적인 집이라고 생각한다.

이를 위해선 먼저 공간의 분위기를 고민해야 한다. 컬러는 그중에서도 가장 기본적인 요소다. 밝은 컬러는 긍정적인 에너지를 불러일으킨다. 하지만 블랙이나 다크 그레이 같은 어두운 색상이 부정적이라는 뜻은 아니다. 어두운 색상은 차분하고 안정된 느낌을 주며 때로는 세련되고 고급스러운 분위기를 만든다. 그 공간이 어떤 역할을 하느냐에 맞는 컬러와 재질을 선택하는 것이 중요하다.

구성 요소들의 디자인 또한 중요하다. 직선보다는 곡선이 공간을 부드럽게 만들어주고, 포용적인 느낌을 준다. 곡선은 자연스럽고 유연한 흐름을 나타내기 때문에, 집 안에 부드러운 에너지를 불러일으킨다. 조명은 밝기도 물론 중요하지만, 은은한 조명이 따뜻하고 편안한 분위기를 조성하는 데에 큰 역할을 하기로 한다. 그러니 조명 역시 기능과 목적에 맞게 세심하게 선택해야 한다.

시각적인 요소만이 전부는 아니다. 집 안에 있는 기능적인 제품들도 고려해야 한다. 침구, 소파, 커튼 등 모든 것이 긍정적인 삶에 영향을 미친다. 그렇다고 무조건 비싼 제품이 좋은 건 아니다. 사용자에게 맞는 최적의 제품이 가장 중요하다. 내가 사용하는 제품이 나에게 딱 맞아야, 진정한 삶의 만족을 느낄 수 있다.

집을 그저 머물기만 하는 공간이 아닌, 내 삶에 맞춘 최적의 공간이 되어야 한다. 긍정적인 집 분위기를 만들 수 있는 것들은 무엇이 있을까?

a. 대화공간

가족들끼리 자유롭게 대화를 나눌 수 있는 분위기를 만들자. 서로가 하는 말을 경청하고 존중하면서 대화를 나누자. 집안 분위기가 점차 편안해지는 걸 느낄 것이다. 이를 위해서 편하게 대화를 나눌 공간을 만들면 좋다. 주방 식탁이나 공용공간인 거실이 해당된다.

b. 편안한 공간

자신이 편히 쉴 수 있는 공간을 만들자. 거창한 소품이나 비용은 필요 없다. 의미 있는 물품이나 추억이 담긴 사진, 가족들이 좋아하는 물품 등으로 꾸며도 충분하다.

c. 모두의 공간

가족 모두가 즐길 수 있는 활동을 해보자. 한 가정은 가족 모두가 자전거를 취미로 즐기고 있었고, 함께 산책을 간다던지, 영화를 함께 본다던지, 책을 함께 읽는 분위기를 가족 문화를 만들어가고 있었다.

d. 채광 활용

햇빛이 잘 들어오는 공간을 활용하자. 햇빛은 그 자체로 훌륭한 조명이다. 낮에 햇빛이 많이 비추는 공간을 활용하자. 여기에는 식물을 몇 개 두는 것도 추천한다.

e. 쾌적한 공간

집을 정돈하고 깔끔하게 정리하자. 정돈된 공간을 보는 것만으로도 마음이 편안해진다. 여기에 조용하고 분위기 있는 음악까지 더해진다면 더할 나위 없이 매력적인 공간이 될 것이다.

f. 개인 공간

개인 공간을 존중하자. 가족과 함께 보내는 공간도 중요하지만, 혼자 시간을 보내는 공간 또한 중요하다.

2. 깔끔한 집을 만들자

정리는 심리 상태와 정신적 여유까지 영향을 미친다.

"The house is one of the greatest powers of integration for the
thoughts, memories and dreams of mankind."
"집은 인간의 생각, 기억, 그리고 꿈을 통합하는
가장 강력한 힘 중 하나이다."
-바슐라르, 공간의 시학

정리된 공간은 우리의 내면을 반영하는 거울과도 같다. 실제로 많은
사람들이 느끼듯, 생활 공간이 얼마나 깔끔한지에 따라 정신 상태나 삶의 질이
변할 수 있다.

성공한 사람들의 집을 방문해 보면 대부분 깔끔하게 정리되어 있다.
그들의 공간은 정돈된 질서 속에서 조화로운 에너지를 만들어낸다. 여기서 한
가지 의문이 떠올랐다. 성공한 사람들이 공간을 깔끔하게 유지하기 시작한 것일
까? 아니면 정돈된 공간을 만들어가는 과정이 그들을 성공으로 이끈 것일까? 이

둘은 매우 밀접한 관계를 가지고 있다. 정리된 환경과 성장하는 삶이 서로 영향을 주었다고 결론 내렸다.

결국 성공의 과정은 단순히 물질적인 성취만이 아닌, 정돈된 마음과 질서 있는 생활이 함께 만들어내는 결과이기도 하다.

일본의 정리 대가, 곤도 마리에 이야기를 들 수 있다. 그녀는 정리정돈의 미학을 강조한 '설레지 않으면 버려라.'라는 철학으로 전 세계적인 주목을 받았다. 그녀는 단순히 물건을 정리하는 것이 아닌, 정리된 공간이 우리의 삶에 미치는 긍정적인 영향을 강조한다. 깔끔하고 정돈된 공간을 통해 정신적 여유를 찾고, 이를 통해 삶의 질서와 행복을 만들었다는 것이다. 그녀의 클라이언트들이 정리된 환경 속에서 어떻게 더 긍정적인 에너지를 찾았는지에 대한 많은 사례가 이를 증명한다.

프랭크 로이드 라이트(Frank Lloyd Wright)도 건축에서 자연과 조화를 이루는 정돈된 공간의 중요성을 강조했다. 공간의 질서와 조화가 인간의 정신적, 감정적 균형에 중요하다고 했다. 라이트는 건축물이 그 안에 사는 사람의 내적 세계와 깊은 연관이 있다고 생각했으며, 정돈된 공간이 창의성과 평온함을 불러일으킨다고 말했다.

건축가들의 철학은 우리가 정돈된 공간이 단순히 외적 미학을 넘어, 사고와 감정까지 깊이 영향을 미친다는 사실을 알려준다.

깔끔한 집이 우리에게 주는 영향은 또 무엇이 있을까?

- 깔끔한 집은 건강한 삶으로 이어진다. 곰팡이와 미생물 등 유해 세균들로 인한 호흡기 질환 등을 예방할 수 있다.
- 마음이 안정된다. 곤도 마리에는 저서 <인생이 빛나는 정리의 마법>에서 "정리가 잘되면 스트레스가 없어지고 회사와 가정에서 성공과 행복이 찾아오게 된다"라고 말한다. 무결점의 상태가 아니라 물건들이 제 위치에 있고, 언제든지 활용하도록 관리하는 일이다.
- 좋은 인상을 남길 수 있다.
- 깔끔한 관리는 자기 관리에서부터 시작하기 때문에 자기 관리 능력이 점점 향상된다.
- 계획을 체계적으로 실행할 수 있는 환경을 만들 수 있다.
- 깔끔한 환경에서는 자신감이 상승하여 성공을 향한 긍정적인 태도를 유지할 수 있다.
- 부동산 가치 향상에도 도움을 줄 수 있다.
- 집중력이 향상된다. 깔끔하고 정돈된 환경에서는 주변의 잡음이 적고 방해 요소가 적어진다. 이는 집중력을 높일 수 있고, 성공을 위해 필요한 작업이나 목표에 더 집중할 수 있다.
- 자기조절 능력을 강화할 수 있다. 깔끔한 집을 유지하려면 정리정돈과 관리능력이 요구된다. 이는 자기조절 능력을 향상시키고, 시간을 효율적으로 활용하는 습관을 기를 수 있다.
- 긍정적인 마음가짐을 가질 수 있다. 깔끔한 환경은 마음을 정화

하고 긍정적인 에너지를 유발할 수 있다. 이는 성공을 향한 자신
감과 긍정적인 태도를 유지하는 데 도움이 될 수 있다.

- 문제 해결 능력을 향상할 수 있다. 깔끔한 집에서는 물건들이 잘
정리되어 있어 필요한 것을 쉽게 찾을 수 있다. 이는 문제 상황에
신속하게 대처하고 해결할 수 있는 능력을 키울 수 있다.

- 긍정적인 이미지와 신뢰: 깔끔한 집은 방문객에게나 소통 상대방
에게 긍정적인 이미지를 전달할 수 있다. 이는 신뢰를 쌓고 사회
적 성공을 이루는 데 도움이 될 수 있다. 물론 집의 청결함이 직
접적으로 성공을 보장하지는 않지만, 깔끔한 집에서는 성공을 향
해 나아가는 데 도움을 줄 수 있는 여러 요소들이 함께 작용할 수
있다.

깔끔한 집을 유지하고 유지하는 것은 몇 가지 좋은 습관과 방법을 통
해 가능하다.

정리정돈을 잘하고 있는지 점검 해보기

아래의 박스를 체크해 자신이 정리정돈을 잘하고 있는지 확인해보자.

☐ 정기적으로 정리 : 주기적으로 물건들을 분류하고 정리하여 필요한 물건과 불필요한 것을 구분한다. 정기적인 정리는 집 안을 깔끔하게 유지하는 데 중요하다.

☐ 모든 물건에 장소를 배정 : 각 물건에 고정된 장소를 배정하여 물건을 사용한 후에는 항상 그 자리로 돌려놓는 습관을 기르는 것이 중요하다.

☐ 간단한 수납 시스템 구축 : 가구나 수납함을 활용하여 물건들을 깔끔하게 정리하고 보관할 수 있는 시스템을 만들어본다.

☐ 불필요한 물건 줄이기 : 불필요한 물건들을 버리거나 기부하여 집 안을 깔끔하게 유지하는 것이 중요하다.

☐ 일일 정리 습관 형성 : 매일 조금씩이라도 집 안을 정리하고 정돈하는 습관을 형성하여 누적된 잡동사니를 방지한다.

☐ 가족 구성원과 협력 : 가족 구성원들끼리 협력하여 집 안을 함께 정리하고 유지하는 것이 중요하다.

☐ 정리 용품 활용 : 정리 용품이나 수납함 등을 활용하여 물건들을 분류하고 보관할 수 있도록 도와준다.

☐ 일정한 청소 스케줄 유지 : 일정한 청소 스케줄을 유지하여 집 안을 깨끗하게 유지하는 것이 중요하다.

3. 건강한 집을 만들자

건강이 제일이다는 말은 나이가 들수록, 시간이 지날수록 점점 더 깊이 와닿는다. 단순히 집을 인테리어할 때 친환경 제품을 사용하는 것이 전부는 아니다. A부터 Z까지 모든 것을 친환경으로 바꾸기는 어렵다. 또한 즉각적인 큰 효과를 기대할 수 있는 것도 아니다.

더 중요한 것은 집의 관리다. 아무리 좋은 재료를 사용해도, 관리가 소홀하면 건강에 나쁜 영향을 미친다.

실내 온도와 습도 조절이 필요하다. 공기 청정기나 습도 조절 제품을 활용하거나 창문을 열어 환기하는 게 중요하다. 질병관리청은 5μm 이상의 비말은 대부분 1 ~ 2m에서 가라앉으나, 그 이하는 공기 중 장시간 떠다니며 10m 이상 전파가 가능하기 때문에 주기적인 환기를 권장한다.

곰팡이 번식 또한 막을 수 있다. 뒤늦게 발견했다면 항곰팡이 제품을 사용하길 권한다. 먼지 제거도 중요한 관리 요소다. 먼지가 쌓이기 쉬운 카펫이나 러그를 사용한다면 주기적인 관리가 필요하다. 먼지가 쌓이면 호흡기 질환을

일으킬 수 있고, 특히 알레르기가 있는 사람들에게는 더 큰 문제가 될 수 있다. 건강을 위해 규칙적인 청소와 관리가 필요하다.

결국, 우리는 꿈을 이루고 성공하기 위해 먼저 건강한 집을 만들어야 한다. 건강한 집은 그저 친환경 제품으로만 채워진 집이 아니라, 주기적인 관리와 세심한 환경 조성이 이루어진 집이다. 실내 공기, 온도, 습도, 먼지, 곰팡이 등을 관리하는 것이야말로 건강한 삶의 기초가 될 수 있다.

또한, 빌 게이츠(Bill Gates)는 공기 질과 건강한 실내 환경에 대한 중요성을 여러 차례 언급했다. 그는 공기청정기와 같은 건강한 생활을 지원하는 기술 제품들을 적극적으로 사용하고 있으며, 자신의 집무실과 생활 공간에서도 공기 질 관리에 신경을 많이 쓰고 있다고 알려져 있다. 이러한 기술을 통한 실내 공기 관리가 삶의 질과 건강한 생활에 큰 역할을 한다고 강조한다.

디자이너 켈리 호픈(Kelly Hoppen)도 건강한 집에 대한 중요성을 말한 바 있다. 그녀는 집의 디자인에서 공간의 기능성과 편안함을 중시하며, 공기 순환, 자연 채광, 그리고 적절한 온도와 습도 조절이 사람의 건강과 행복에 필수적이라고 주장했다.

우리나라에서도 재벌가나 성공한 인물들의 주거 환경은 흔히 최첨단 기술과 친환경적 설계가 반영되는 경우가 많다. 예를 들어, 이건희 회장이 거주했던 주택에도 공기 질 관리와 같은 최첨단 기술이 적용된 것으로 알려져 있으며, 이는 건강을 중시한 주거 환경 설계의 일환으로 볼 수 있다.

実내 공기질 개선

환기	정기적으로 창문을 열어 신선한 공기가 순환되도록 환기를 자주 하는 게 좋다.
공기청정기	필터가 장착된 공기청정기를 사용하여 공기 중의 오염물질, 알레르기 유발 물질, 먼지를 제거하는 게 좋다.
관엽 식물	자연적으로 공기를 정화하는 데 도움이 되는 관엽 식물 등을 배치하는 게 좋다.

청결함 유지

정기 청소	집 안의 먼지를 정기적으로 제거하고 진공청소기로 청소하여 알레르기 유발 물질을 줄인다.
저자극 세제	유해한 화학 물질이 없고 환경친화적인 청소 제품을 선택하자.
정리	생활 공간을 정돈되고 깔끔하게 유지하여 먼지 축적을 줄이고 보다 쾌적하고 평화로운 환경을 조성하는 게 좋다.

Dream House: Design

습도 조절

제습기	습한 장소 또는 습한 날씨에는 곰팡이 발생을 방지하기 위해 제습기를 사용하는 게 좋다.
욕실과 주방의 적절한 환기	습기 축적을 줄이기 위해 해당 구역의 환기 관리가 필수다.

안전한 식수

정수기 관리	필터를 자주 갈도록 하자.

독소에 대한 노출 감소

친환경 소재	휘발성 유기 화합물에 대한 노출을 줄이기 위해 무독성 페인트, 가구, 바닥재를 사용하면 좋다.

조용하고 편안한 환경 조성

자연광	집에 자연광을 최대화하여 기분과 에너지 수준을 높인다.
소음조절	방음재나 백색 소음기를 사용하여 소음공해를 최소화하여 보다 평화로운 환경을 조성한다.
편안한 공간	아늑한 독서 공간이나 평화로운 침실 등 휴식을 촉진하는 집 공간을 디자인한다.

좋은 수면 위생

편안한 침구	적절한 수면 지원을 위해 고품질 매트리스와 베개에 투자하면 좋다.
어둡고 조용함	편안한 수면을 위해 침실을 어둡고 조용하게 만들자. 필요한 경우 암막 커튼과 적절한 음향이 도움이 된다.

건강한 생활 장려

건강한 식습관	주방에 영양가 있는 음식을 구비해 두고 건강한 식습관을 위한 환경을 조성한다.
운동 공간	운동이나 요가를 위한 공간을 지정하여 규칙적인 신체 운동을 한다.
정신적 웰빙	집에 명상 코너나 취미 공간 등 휴식과 정신적 웰빙 전용 공간을 만들어보자.

안전

어린이 보호 장치	어린 자녀가 있는 경우 사고 방지를 위해 집에 어린이 보호 장치를 설치하자.
노인 보호 장치	할머니 할아버지를 위해 집에 보호 장치를 계획하자.
화재 안전	소화기를 쉽게 사용할 수 있도록 유지하고 모든 가족 구성원이 소화기 사용법을 알 수 있도록 숙지하자.

4. 꿈꾸는 집을 만들자

다음은 꿈꾸는 삶을 만들 수 있는 이상적인 집 인테리어 프로세스다.

1. 나만의 꿈꾸는 삶과 꿈을 닮은 집(공간) 정의

- 꿈과 삶에 대한 나만의 정의.
- 필요 사항과 원하는 사항 파악: 집에 있어야 하는 필수 기능과 포함하고 싶은 추가 기능 나열 (리스트 만들기).
- 자료 수집: 잡지, 웹사이트, Pinterest 또는 오늘의집 등에서 아이디어를 최대한 많이 수집.

2. 예산 설정

- 초기 예산 책정: 집에 지출할 의향이 있는 금액을 스스로 결정. 인테리어, 가구 등 모든 예산을 포함한 금액.
- 우선순위: 지출할 의향이 있는 곳과 절약할 수 있는 곳을 스스로 결정.

3. 전문가 고용

- 디자이너: 인테리어 디자이너와 협력하여 꿈을 현실로 만들기. 디자이너들은 아이디어를 구체화하고, 세부 계획을 세우고, 조건

을 검토하는 데 여러 도움을 준다.

- 계약업체: 경험이 풍부한 업체, 좋은 참고 자료가 있는 디자인업체를 선정, 명확한 의사소통과 상세한 계약이 필수.

4. 레이아웃 디자인 (디자이너 영역)

- 기능적 공간: 라이프스타일을 반영하는 레이아웃을 구상, 개방형 평면도.
- 정서적 공간: 취향과 심미성을 고려한 디자인을 구상, 사용자의 만족도를 고려한 레이아웃 확인.
- 자연 채광: 큰 창문, 채광창, 유리문을 통합하여 자연 채광을 조건을 검토.

5. 재료 및 마감재 선택

- 내구성 등 고려.
- 미학: 꿈에 어울리는 맞는 색상, 질감, 마감재를 선택.
- 내구성: 선택한 소재가 오래 지속되고 라이프스타일에 적합한지 확인.

6. 인테리어 디자인 및 가구

- 개인화: 맞춤형 가구, 예술품 또는 독특한 장식 조각을 사용하여 디자인에 개성을 불어 넣기.
- 편안함: 편안함과 기능성을 우선시하는 가구와 레이아웃을 선택.

7. 미래를 위한 계획

- 확장성: 가족의 성장이나 라이프스타일의 변화 등 미래의 잠재적 인 변화를 염두에 두고 집을 디자인.
- 기술: 조명, 보안, 공조 등을 위한 스마트 홈 시스템을 통합하여 편의성을 향상.

8. 마감

- 검사: 입주 전 철저한 검사를 실시하여 모든 것이 기준에 맞는지 확인.
- 정리: 예술 작품, 식물, 개인 물품 등의 마지막 정리를 통해 공간 이 내 집처럼 느껴지도록 만들기.

위와 같은 순서로 하면 요구 사항을 충족할 뿐만 아니라 자신의 개성 과 스타일을 반영하는 꿈의 집을 만드는 데 큰 도움이 된다. 과정을 즐기고 집은 추억을 만들 수 있는 장소라는 것을 기억하고 특별하게 만드는 게 좋다.

5. 집을 사랑하자

내 집과 내 공간을 사랑하는 사람들은 집을 단순한 생활 공간으로 보지 않고, 자신을 표현하고 휴식을 취하며 자신을 채워나가는 중요한 장소로 인식한다. 그들의 특징은 다음과 같다.

1. 세심한 인테리어와 개성 있는 디자인

이들은 공간을 단순히 기능적인 곳으로만 활용하지 않고, 자신의 취향과 감각을 반영해 인테리어에 많은 신경을 쓴다. 색상 선택, 가구 배치, 작은 소품들까지도 자신만의 개성과 스타일이 드러나도록 꾸미며, 매일 그 공간에서 만족감을 느낀다.

2. 정리정돈을 중시

내 집을 사랑하는 사람들은 공간이 잘 정돈된 상태일 때 편안함을 느낀다. 청결을 유지하고, 물건을 정리정돈하는 습관이 있으며, 불필요한 물건을 최소화해 집이 깔끔하게 보이도록 신경 쓴다.

3. 개인화된 휴식 공간 마련

집 안에 자신만의 개인화된 휴식 공간을 꼭 마련해 둔다. 작은 서재, 편안한 독서 코너, 또는 음악을 들으며 쉴 수 있는 공간 등, 자신이 좋아하는 활동을 온전히 즐길 장소가 필수다. 집에서 외부의 소음과 스트레스로부터 벗어나는 안식처가 된다.

4. 취미와 라이프스타일 반영

내 집을 사랑하는 사람들은 집을 취미와 라이프스타일을 반영하는 공간으로 꾸민다. 예를 들어, 요리를 좋아하는 사람은 주방을 더욱 세심하게 꾸미고, 독서를 좋아하는 사람은 조용한 서재를 마련한다. 또한, 집에서 시간을 보내는 것을 즐기며, 자신만의 취미 생활을 집에서 즐길 수 있는 환경을 만든다.

5. 가족이나 친구들과의 따뜻한 교류

이들은 집에서 사랑하는 사람들과의 교류를 소중히 여긴다. 손님을 초대할 때도 따뜻하고 편안한 분위기를 제공하기 위해 신경 쓰며, 함께하는 시간을 더욱 특별하게 만든다. 집이 단순한 생활공간이 아니라, 소통과 사랑이 오가는 장소가 되도록 노력한다.

6. 균형 있는 생활

내 집을 사랑하는 사람들은 집에서 일과 휴식의 균형을 중요시한다. 특히 집에서 일하는 경우, 작업 공간과 휴식 공간을 철저히 분리해 효율성과 안락함을 동시에 추구한다. 그들은 집에서 보내는 시간이 충만하고 균형 잡히도록 세심하게 공간을 관리한다.

내 집, 내 공간을 사랑해야 하는 이유는 단순히 물리적인 공간을 넘어, 삶의 질과 행복감을 높이는 데 중요한 역할을 하기 때문이다. 집은 우리가 가장 많이 머무는 곳이자 정신적, 육체적 안정감을 얻을 수 있는 장소로 기능한다. 집과 공간을 사랑하는 것은 개인의 삶에 깊은 영향을 미친다.

Design Tip
꿈을 닮은 집, 드림 하우스 만들기

드림 보드를 활용하자

드림 보드(dream board)는 자신의 목표나 꿈을 담은 이미지를 잘라 콜라주 형태로 모아 붙인 걸 말한다. 영감과 동기 부여를 위해 만든다. 내가 원하는 집의 모습, 인테리어, 갖고 싶은 것, 이루고 싶은 꿈, 몇 년 뒤 내가 바라는 나의 모습을 담은 이미지를 모아보자. 노트에 이미지를 하나씩 직접 붙여도 좋고, 이미지 편집 프로그램 등을 사용해도 된다. 머릿속에 추상적인 형태로만 놔두기보다 직접 눈으로 보이는 형태로 남기고 매일 볼 수 있는 위치에 두면 동기 부여가 확실히 된다.

긍정적인 컬러를 사용하자

집 인테리어에서 사용하는 컬러는 공간의 분위기와 에너지에 큰 영향을 미친다. 특정 색상은 심리적 안정감, 집중력 향상, 창의성 자극 등 다양한 긍정적인 효과를 줄 수 있다. 다음은 집에 긍정적인 영향을 줄 수 있는 컬러 추천이다.

블루 (Blue) 톤

평온함과 집중력을 높여주는 색상으로, 서재나 침실에 적합하다. 블루 계열은 정신을 차분하게 만들고, 안정감을 주기 때문에 작업 공간에서도 좋은 효과를 볼 수 있다.

특징: 차분함, 신뢰, 안정감을 느끼게 함.

사용 예: 벽 색상, 소파, 베개 등.

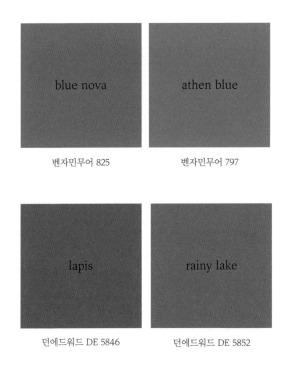

blue nova
벤자민무어 825

athen blue
벤자민무어 797

lapis
던에드워드 DE 5846

rainy lake
던에드워드 DE 5852

* 벤자민무어 페인트와 던에드워드 페인트를 참조함

그린 (Green) 톤

자연을 상징하는 그린은 안정감과 회복을 가져오는 컬러다. 특히 식물과 같은 자연적인 느낌과 함께 사용하면 더 큰 효과를 볼 수 있다. 녹색은 집중력을 높이고, 스트레스를 완화해 주기 때문에 서재나 거실에 적합하다.

특징: 재충전, 안정, 자연과의 연결.

사용 예: 벽 한쪽 포인트 컬러, 실내 식물 배치.

herb bouguet	rosepine
벤자민무어 460	벤자민무어 461
graceful green	green lane
던에드워드 DE 6284	던에드워드 DE 5653

베이지 (Beige) 톤 - 최근 많이 사용하는 톤 중 하나

중립적인 색상으로, 어떤 공간에서도 잘 어울린다. 특히 편안한 분위기를 만들기 때문에 거실이나 침실에 많이 사용된다. 베이지는 다른 컬러와 쉽게 조화되며, 따뜻하고 안정된 느낌을 준다.

특징: 따뜻함, 중립적, 편안함.

사용 예: 벽 색상, 가구, 커튼.

collectors item
벤자민무어 AF-45

fossil
벤자민무어 AF-65

stucco tan
던에드워드 DE 6205

modern ivory
던에드워드 DE 6197

옐로우 (Yellow) 톤

활력과 창의성을 자극하는 색상이다. 옐로우는 밝고 활기찬 에너지를 주기 때문에, 주방이나 작업 공간에 활용하면 좋은 선택이 될 수 있다. 다만, 너무 과도하게 사용하면 시각적으로 피로감을 줄 수 있어, 포인트 컬러로 사용하는 것이 좋다.

특징: 행복, 에너지, 창의력 증진.

사용 예: 소품, 벽 한 면 포인트, 조명.

golden straw	honey bee
벤자민무어 2152-50	벤자민무어 CSP-950
jasmine	solar wind
던에드워드 DEC 734	던에드워드 DEC 733

그레이 (Gray) 톤 - 최근 가장 많이 사용하는 톤

현대적이고 세련된 느낌을 주는 그레이는 미니멀리즘과 잘 어울린다. 다양한 톤으로 변형해 사용할 수 있으며, 중립적인 배경을 제공해 다른 컬러와도 잘 어울린다. 그레이는 차분하고 안정된 느낌을 줘 거실이나 침실에 많이 사용된다.

특징: 현대적, 중립적, 차분함.

사용 예: 가구, 벽 색상, 바닥재.

nightingale — 벤자민무어 AF 670

balboa mist — 벤자민무어 OC-27

wish — 벤자민무어 AF-680

snow peak — 던에드워드 DE 6386

propoise — 던에드워드 DE 6373

Dream House: Design Tip

143

화이트 (White) 톤 - 기본이 되는 톤

깨끗하고 밝은 분위기를 연출하는 화이트는 공간을 넓어 보이게 하는 효과가 있다. 또한, 다른 색상과 조합하기 쉬워 모던한 인테리어에 적합하다. 다만 지나치게 차가운 느낌을 줄 수 있어 따뜻한 조명이나 우드 소재와 함께 사용하면 더 좋다.

특징: 청결, 개방감, 모던함.

사용 예: 벽, 천장, 기본 가구.

simply white	mountain peak white	white dove
벤자민무어 OC-117	벤자민무어 OC-121	벤자민무어 OC-17

cool december	milk glass
던에드워드 DEW 383	던에드워드 DEW 358

피치 & 테라코타 (Peach & Terracotta) 톤

따뜻한 느낌을 주는 피치와 테라코타 계열의 색상은 감성적이고 포근한 분위기를 만들어준다. 자연적인 느낌과 어우러져 공간에 따뜻함을 더해 주며, 특히 침실이나 거실에 적합하다.

특징: 감성적, 따뜻함, 친근함.

사용 예: 쿠션, 벽, 소품.

aztec brick

벤자민무어 2175-10

suntan bronze

벤자민무어 1217

peach parfait

벤자민무어 2175-70

natural tan

던에드워드 DE 5212

Autumn Umber

던에드워드 DE 5216

라벤더 (Lavender) 톤

편안함과 휴식을 상징하는 라벤더는 침실과 휴식 공간에서 많이 사용된다. 라벤더는 마음을 진정시키고 스트레스를 줄여주는 효과가 있으며, 상쾌한 느낌도 함께 준다.

특징: 진정, 휴식, 상쾌함.

사용 예: 침구류, 커튼, 벽 페인트.

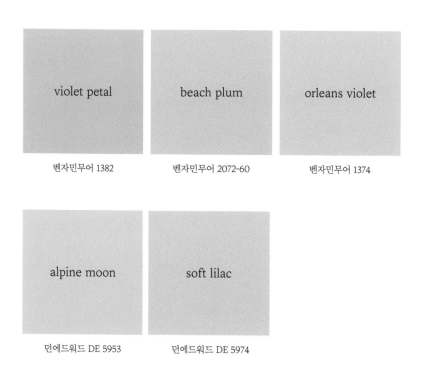

violet petal	beach plum	orleans violet
벤자민무어 1382	벤자민무어 2072-60	벤자민무어 1374

alpine moon	soft lilac
던에드워드 DE 5953	던에드워드 DE 5974

이처럼 컬러는 공간의 분위기뿐만 아니라 우리의 감정과 생산성에도 영향을 미친다. 자신이 원하는 분위기와 라이프스타일에 맞는 색상을 선택해, 보다 긍정적인 에너지를 집에 불어넣을 수 있다.

페인트 브랜드 벤자민 무어(Benjamin Moore)와 던 에드워드(Dunn Edwards)는 인테리어 공간에서 컬러의 중요성을 강조한 다양한 이야기를 전하고 있다. 두 브랜드 모두 긍정적인 컬러 선택이 공간의 에너지를 크게 좌우한다고 설명한다.

컬러가 단순한 미적 요소를 넘어 공간의 에너지와 감정을 형성하는 중요한 역할을 한다는 점을 강조하고 있다.

벤자민 무어(Benjamin Moore)의 컬러들은 인테리어에서 널리 사랑받는 색상으로, 각 컬러가 공간에 다양한 감정과 분위기를 불어넣을 수 있다.

1. White Dove (OC-17) / 내가 자주 사용하는 화이트 컬러이다.

 - 특징: 따뜻하면서도 깨끗한 화이트 컬러로, 공간을 밝고 넓어 보이게 만든다. 차가운 느낌을 주지 않아 거실, 침실, 주방 등 다양한 공간에 활용하기 좋다.
 - 사용 예: 전체 벽면, 천장, 몰딩.

2. Revere Pewter (HC-172)

- 특징: 그레이와 베이지가 적절히 섞인 중립적인 컬러로, 따뜻하면서도 차분한 느낌을 준다. 현대적인 느낌을 주면서도 너무 차갑지 않아, 공간을 세련되게 연출할 수 있다.

- 사용 예: 거실, 침실, 복도.

3. Hale Navy (HC-154)

- 특징: 깊고 풍부한 네이비 블루로, 고급스럽고 안정감 있는 공간을 연출할 수 있다. 강렬한 포인트 컬러로 사용하면 특히 효과적이다.

- 사용 예: 벽면 포인트, 가구, 문.

4. Gray Owl (OC-52)

- 특징: 밝은 그레이 계열의 컬러로, 차분하고 깔끔한 느낌을 준다. 자연광과 잘 어울려 방 전체를 더 환하고 넓어 보이게 한다.

- 사용 예: 서재, 침실, 거실.

5. Pale Oak (OC-20)

- 특징: 부드럽고 따뜻한 베이지 톤의 컬러로, 공간에 따뜻함을 더해주며 차분한 분위기를 연출한다. 클래식하면서도 편안한 느낌을 준다.
- 사용 예: 침실, 거실, 다이닝룸.

6. Kendall Charcoal (HC-166)

- 특징: 세련된 다크 그레이 컬러로, 중후하고 고급스러운 분위기를 연출할 수 있다. 특히 가구나 문, 벽의 포인트로 활용하면 공간을 더욱 우아하게 만들어 준다.
- 사용 예: 가구, 포인트 벽, 문.

7. Soft Fern (2144-40)

- 특징: 부드러운 그린 톤으로, 자연을 떠올리게 하는 편안하고 상쾌한 느낌을 준다. 공간을 차분하게 만들면서도 생기를 더하는 데 효과적이다.
- 사용 예: 침실, 서재, 욕실.

8. Simply White (OC-117)

- 특징: 밝고 깨끗한 느낌을 주는 화이
트 컬러로, 공간을 넓고 산뜻하게 보이게
한다. 다른 색상과도 잘 어울려 다양한 스
타일에 적합하다.
- 사용 예: 벽, 천장, 트림.

이와 같은 벤자민 무어의 컬러들은 각 공간의 성격과 분위기에 맞게
다양하게 활용할 수 있어, 인테리어에 큰 변화를 줄 수 있다.

공부방 설계

아이(저학년까지)들이 공부하는 분위기는 방보단 거실이 좋다. 방에 책상을 배치하더라도 문을 바라보는 방향으로 배치하면 좋다. 만약 배치가 어려울 경우 최대한 폐쇄적인 느낌이 아닌 레이아웃으로 신경 써서 설계해야 한다. 아이들이 거실에서 공부하는 것이 좋은 이유는 부모와 가까운 거리에서 정서적 안정감을 느끼기 때문이다. 거실에서 부모와 함께 있을 때 아이들은 더 안전하다고 느끼고, 이러한 안정감이 집중력 향상에 도움을 준다. 또한, 부모와의 소통이 쉬워져 아이가 질문을 하거나 도움을 요청할 때 더 빠르게 반응할 수 있다. 거실에서의 학습은 가족과의 유대감을 강화하는 역할도 한다.

침실의 채광

성공한 사람들은 침실에서 채광을 굉장히 중요하게 생각했다. 아침을 맞이할 때 채광을 통해 자연스럽게 물리적으로도 잠을 깨는 환경을 만들었다. 성공한 사람들이 침실에서 자연광을 중요하게 생각하는 이유는 자연광이 수면의 질, 생산성, 그리고 정신 건강에 큰 영향을 미치기 때문이다. 연구에 따르면, 자연광은 멜라토닌과 세로토닌의 생산을 촉진해 수면 주기를 조절하고, 기분을 안정시키는 데 도움을 준다. 아침에 자연광에 노출되면 서카디언 리듬(circadian rhythm, 하루주기리듬)이 제대로 조절되어 더 좋은 수면 패턴을 유지할 수 있게 한다.

예를 들어, 일론 머스크 같은 유명 인물들은 자연광을 최대한 활용할 수 있는 큰 창문과 스카이라이트(투명 또는 반투명 유리로 만들어진 빛을 허용하는 구조 또는 창)가 있는 공간을 선호한다. 이러한 설계는 일찍 일어나 생산적인 하루를 시작할 수 있도록 돕는다. 성공한 사람들은 대부분 침실에 창문을 크게 두거나 자연광을 많이 받을 수 있는 위치에 침실을 배치해 아침 햇살이 몸과 마음을 깨우도록 돕는다.

따라서 침실에 내리쬐는 자연광은 단순히 미적인 요소를 넘어서, 정신적 안정감과 생산성에 직접적인 영향을 주는 중요한 요소다. 다만, 라이프 스타일에 따라 암막 커튼을 사용해야 하는 경우 선택적인 채광 조건을 맞출 수 있게 속 커튼과 암막 커튼을 함께 사용하는 게 좋다.

침실 개선

성공한 사람들은 주거 공간에서 침실에 상당히 민감했다. 다시 말해 잠자리 환경을 굉장히 신경 쓰고 있었다. 그럴 만하다. 인생의 20 - 30%를 잠자는 시간으로 보내기 때문이다. 사업을 시작한 초창기까지만 해도 나는 잠자리가 좋진 않았다. 주변에 늘 나 자신을 자면서도 생각하고 일을 할 수 있다며 신기한 사람처럼 말했는데 결국 지금 생각해 보면 제대로 잠을 못 이루며 일을 했다. 성공한 사람들이 잠자리에 신경을 쓰는 것을 보고 나도 그 이후로 잠자리 개선을 위해 노력을 해봤다. 지금은 짧게 자더라도 굉장히 만족스러운 잠을 잔다. 그 이후로 일상의 많은 부분이 개선됐다.

침대는 오직 휴식과 잠을 위한 공간이어야 했다. 스마트폰은 침대 밖에 두고, 나의 수면 습관에 꼭 맞는 베개를 찾아냈다. 고개를 기댔을 때 어깨와 목이 자연스레 편안해지는 느낌. 적당히 딱딱해야 편했다. 그 작은 변화 하나가 생각보다 큰 안정을 가져다줬다. 이불도 마찬가지다. 촉감에 예민한 나에게 꼭 맞는 까슬하지만 적당히 부드럽고 가볍지 않은 재질의 이불로 바꿨다. 몸을 덮었을 때 적당히 무게감이 느껴지는 그 포근함은 하루를 마무리하는 최고의 위로가 됐다.

조명은 철저하게 통제했다. 침실에는 그 어떤 미세한 빛도 용납되지 않도록, 커튼 틈새 하나까지 꼼꼼히 확인하고, 전자기기의 불빛도 최대한 없앴다. 빛이 없는 어둠은 마치 나를 온전히 잠의 세계로 초대하는 듯했다. 마지막으로 온도. 잠들기 가장 편안한 온도, 조금은 시원한 상태를 맞추고, 다음 날 자연스러운 기상을 위해 창문 한쪽 커튼을 살짝 열어뒀다. 이 작은 틈으로 새어 들어오는 아침 햇살은 알람보다 부드럽게 나를 깨웠다.

하루의 끝과 시작이 정돈되자, 나의 일상도 달라졌다. 침대는 더 이상 업무를 끌어안는 공간이 아니라 나를 위한 '쉼의 의식'을 준비하는 곳이 되었다. 작은 변화지만, 그 변화가 삶의 결을 조금 더 부드럽고 섬세하게 만들어줬다. 그 이후로 알람 없이 기상하는 습관이 만들어졌다.

식탁 주변 팁

가족끼리의 대화와 교육이 이루어지는 곳은 식탁이다. 식탁은 가족 간의 대화와 교육이 이루어지는 중요한 공간이므로, 이 공간을 편안하고 따뜻하게 만드는 인테리어가 필수적이다. 다음은 가족끼리 소통을 촉진하고, 함께 시간을 보내기 좋은 식탁 인테리어 팁이다.

1. 편안한 의자 선택

편안한 의자는 가족들이 식사 시간뿐만 아니라 대화를 나누며 오래 머무를 수 있도록 돕는다. 등받이나 쿠션이 있는 의자를 사용하면 앉아 있는 동안 더 편안함을 느낄 수 있다.

의자 높이와 식탁 높이를 잘 맞추는 것도 중요하다. 불편함을 최소화하기 위해 체형에 맞는 의자를 선택하는 것이 좋다.

2. 원형 식탁으로 대화 촉진

원형 또는 타원형 식탁은 모두가 서로의 얼굴을 보며 대화할 수 있는 구조를 만들어 준다. 이는 가족 간의 소통을 자연스럽게 만들어주며, 원활한 소통이 가능하도록 돕는다. 물론 직사각형의 일반적인 식탁도 크게 상관은 없지만, 개인적으로 원형 테이블을 선호한다.

작은 공간에서도 원형 테이블은 공간을 효율적으로 사용하며, 따뜻하고 친밀한 분위기를 조성할 수 있다.

3. 조명의 중요성

따뜻한 색감의 조명을 선택하면 공간이 더욱 아늑하고, 편안한 느낌을 준다. 식탁 위에 펜던트 조명을 설치하면 식사 시간에 집중할 수 있는 분위기를 연출할 수 있다.

조명의 위치와 높이도 중요하다. 테이블 중앙에 조명을 배치하고, 너무 눈부시지 않도록 조명 높이를 적절히 조절하는 것이 좋다. 조도나 높이는 개인이 원하는 상태로 조절해서 맞춰 놓으면 만족도가 높다.

4. 따뜻한 색감과 자연 소재

벽, 가구, 소품에는 따뜻한 중성색을 사용해 편안함을 강조하는 것이 좋다. 베이지, 파스텔 톤, 우드 톤은 식사 공간에 따뜻한 느낌을 주며 가족 간의 편안한 대화를 유도한다.

우드 소재의 식탁이나 의자는 자연스러운 분위기를 연출하며, 오래 머무르고 싶은 환경을 만들어준다.

5. 식탁의 위치

채광이 좋은 공간에 식탁을 배치하면, 자연광을 이용해 아침 식사나 대화 시간이 더 활기차고 밝게 느껴진다. 창가 근처에 식탁을 배치하거나, 밝고 개방적인 공간에서 식사를 하면 가족들의 기분도 한층 좋아진다.

6. 소품과 장식

식탁 위에 작은 화분이나 캔들을 두면 자연스러운 분위기를 조성할 수 있다. 식물은 공간에 생기를 불어넣고, 따뜻한 소품은 가족이 모이는 시간을 더 특별하게 만들어준다.

가족이 함께 만든 작품이나 사진을 벽에 걸어두는 것도 따뜻한 인테리어 요소가 된다. 이런 소품은 가족 간의 유대감을 강화시키고, 추억을 공유하는 계기가 된다.

7. 정돈된 환경

정리정돈이 잘 된 공간은 집중력과 소통에 긍정적인 영향을 미친다. 식탁 위에 불필요한 물건을 최소화하고, 가족들이 대화에 집중할 수 있도록 깔끔하게 정리하는 습관을 들이는 것이 중요하다.

식탁은 단순히 식사만 하는 공간을 넘어서, 가족 간의 소통과 교육이 이루어지는 핵심 공간이다. 위의 인테리어 팁들을 적용하면 더 따뜻하고 대화가 잘 이루어지는 가족 식탁을 만들 수 있을 것이다.

집, 주거 공간은 자신을 위한 최고의 선행 투자다. 규모와 소유를 떠나 가족으로부터 독립해 자신만의 공간을 찾을 때 자신을 위한 공간을 찾으라고 강조한다. 일하는 곳과의 거리도 중요하지만, 범위 내에서 좋은 환경의 상권을 찾는 것도 중요하다. 동네에서 느껴지는 것들도 잘 살펴봐야 한다. 같은 상권 내에서도 어떤 골목은 밝고 쾌적한 반면 어떤 골목은 어둡고 차가운 분위기가 느껴지기도 하고, 유흥가와 인접한 지역인지도 확인할 필요가 있다.

좋은 장소에 자주 방문한다

나는 주변 사람들을 데리고 좋은 장소를 보여준다. 그리고 가급적이면 영리하게 좋은 장소들을 자주 찾아가라고 권유한다. 다른 소비에서 아껴서 이왕이면 좋은 장소들을 찾는 게 좋다. 최고의 공간에서 겪은 경험은 언젠가 자신

에게 큰 도움이 된다. 좋은 장소에 관한 기억이 많이 쌓일수록 좋은 장소에 대한
감각도 함께 쌓인다.

첫인상이 중요하다

좋은 공간을 고를 때 첫인상을 무시할 수 없다. 첫인상 다음 반전 매력
을 주는 사람은 분명 있지만 공간에서는 그렇지 않은 경우가 많다. 기본적으로
자연광의 정도나 공간이 기본적으로 갖고 있는 구조가 만들어내는 분위기가 있
는데, 이런 복합적인 요소들이 만들어낸 첫인상은 어느 정도 신뢰가 가는 기준
이다.

혼자만의 공간이 필요하다

가족과 함께 살 땐 집 어딘가에 혼자 있을 수 있는 공간을 계획하는 게
좋다. 그게 꼭 공간이 아니더라도 공간 어느 한 구석이도 되고, 의자와 같은 자리
여도 된다. 혼자 독립된 시간을 충분히 누릴 수 있는 조건은 자신에게 필요한 공
간이다.

Design Story

공간별 스토리

1인 가구, 나를 닮은 공간의 미학

혼자라는 것은 더 이상 고독이 아니라 자유다

집은 단순히 머무는 곳이 아니라, 하루 끝에 돌아오는 나만의 안식처다. 우리나라에서 1인 가구는 전체 가구의 3분의 1을 차지할 만큼 흔해졌다. 특히 30~40대 1인 가구는 단순히 '혼자 사는 삶'을 넘어, 자신만의 개성과 취향을 공간에 담아내는 새로운 라이프스타일로 주목받고 있다. 결혼율 감소, 초혼 연령 상승, 이혼 증가, 그리고 개인 가치관의 변화 같은 사회적 흐름 속에서 이들은 삶의 방식을 점점 더 세련되고 감각적으로 다듬어가고 있다.

하지만, 1인 가구 인테리어 상담은 생각보다 많지 않다. 대부분의 사람들이 집 전체를 인테리어 하기보단 본인의 취향을 반영한 소소한 스타일링으로 집을 꾸미기 때문이다.

혼자 사는 것에는 두 가지 얼굴이 있다. 외로움이 찾아오는 순간이 있는가 하면, 내 취향에 집중할 수 있는 자유도 따라온다. 한 고객은 이런 이야기를 했다. "예전에는 집이 그저 잠만 자는 곳이었는데, 혼자 살면서 진짜 내가 좋아하는 것들로 채워가는 과정이 즐겁더라고요." 그의 거실 한쪽에는 모아 놓은 위스키와 다양한 술들이 진열되어 있고, 지인들이 찾아올 때 사용할 소중한 유리잔들이 나열되어 있다. 이런 작은 코너는 단순한 공간을 넘어 그의 취향과 시간, 그리고 감정이 스며든 특별한 장소였다.

작은 변화로 완성되는 나만의 공간

혼자 사는 삶의 장점 중 하나는 타인과의 협의 없이 온전히 나만의 취향을 실현할 수 있다는 것이다. 이는 집을 꾸미는 과정에서도 드러난다. 예를 들어, 30~40대 1인 가구는 실용성과 미적 요소를 동시에 고려해 가구를 선택한다. 작은 소파와 독특한 디자인의 조명, 벽을 채우는 한, 두 점의 아트워크만으로도 공간은 전혀 다른 분위기를 연출한다.

특히, 요즘은 개성 있는 취향 저격 가구나 소품들이 인기다. 인스타그램에서도 홈스타일링을 공유하며 활동하는 크리에이터들이 많이 보인다. 그들을 보면 1인 가구의 라이프스타일에 완벽히 부합한다. 감각적이면서도 효율적인 선택들을 엿볼 수 있다.

이런 1인 가구를 위한 집 인테리어는 혼자만의 공간을 더욱 매력적이고 편안하게 만드는 데 초점을 맞춰야 한다. 특히 공간을 효율적으로 활용하고, 개인의 취향과 라이프스타일에 맞는 독특한 디자인을 적용해 작은 공간에서도 감각적이고 실용적인 환경을 조성하는 것이 중요하다.

1인 가구를 위한 인테리어 Tip

1. 멀티 기능 가구 활용

작은 공간에서 멀티 기능 가구는 필수다. 예를 들어, 수납 기능이 있는 침대, 접이식 테이블, 또는 확장형 소파를 사용하면 공간을 효율적으로 활용할 수 있다. 낮에는 소파로 사용하고, 밤에는 침대로 변형 가능한 가구는 작은 공간에서 최대한의 활용도를 제공한다. 주로 원룸형 오피스텔이나 소형 빌라, 아파트에서 많이 활용할 수 있다.

2. 벽을 활용한 수납

1인 가구는 공간을 최대한 효율적으로 활용해야 하기 때문에 벽면 수납이 중요한 요소다. 벽 선반이나 한쪽 벽면에 키 큰 장을 설치해 바닥 공간을 덜 차지하면서도 다양한 물건을 깔끔하게 정리할 수 있다. 특히, 부엌이나 욕실 같은 제한된 공간에서는 벽면을 적극적으로 활용해 실용성과 미관을 모두 충족할 수 있다.

3. 심플하면서도 개성 있는 디자인

작은 공간일수록 미니멀리즘을 기반으로 한 심플한 디자인이 공간을 넓고 쾌적하게 만들어 준다. 요즘 많은 사람들이 선호하는 화이트나 그레이 같은 중립적인 색상을 벽과 바닥에 사용하고, 여기에 자신만의 취향을 반영한 디자인 소품이나 가구 등에 포인트 컬러를 더해 개성을 표현할 수 있다. 예를 들어 독특한 쿠션, 예술 작품, 또는 조명을 활용해 자신만의 독창적인 감성을 담아낼 수 있다.

4. 작은 공간을 확장하는 거울 사용

거울은 작은 공간을 더 넓어 보이게 하는 효과적인 장치다. 큰 전신 거

울이나 벽면 거울을 배치하면 빛을 반사해 공간을 더 밝고 넓어 보이게 만들 수 있다. 특히 창문 옆에 거울을 배치하면 자연광이 더 많이 퍼져 실내가 한결 환해진다.

5. 분리된 공간 만들기

작은 공간에서 각 기능별로 구역을 나누는 것이 중요하다. 칸막이, 책장, 또는 커튼을 이용해 침실과 거실, 또는 거실과 주방을 분리하면 생활의 리듬이 더 잘 유지된다. 시각적으로 공간을 나누는 것만으로도 각 공간이 제 기능을 할 수 있게 되며, 더 정돈된 느낌을 준다. 원룸형 공간이나, 방을 한 번 더 쪼개면 공간이 더 좁게 느껴져 불편하지 않을까? 걱정될 수 있지만, 오히려 아늑하고 프라이빗한 느낌이 공간 활용을 잘한 느낌을 준다.

6. 조명으로 분위기 연출

조명은 집 안 분위기를 완전히 바꿔줄 수 있는 중요한 요소다. 공간의 다양한 부분에 간접 조명을 배치해 따뜻한 분위기를 조성하고, 업무나 독서를 위한 공간에는 스탠드 조명이나 테이블 램프를 활용하면 집중하는 데에 도움이 된다. 은은한 조명은 작은 공간을 아늑하게 만들어주며, 다양한 형태의 조명을 활용해 독특한 감각을 연출할 수 있다.

7. 실내 식물로 생기 더하기

작은 공간에서도 실내 식물은 공기를 정화하고, 생기를 더하는 훌륭한 인테리어 요소다. 관리가 쉬운 몬스테라, 스투키, 산세베리아 등의 식물은 작은 공간에서도 잘 자라며, 인테리어에 따뜻하고 상쾌한 분위기를 더해준다. 작은 화분을 창가나 테이블 위에 배치하면 시각적으로도 훨씬 더 풍성한 느낌을 줄 수 있다.

8. 개인 맞춤형 소품으로 개성 표현

1인 가구의 인테리어는 그 사람의 개성을 표현할 수 있는 소품으로 완성된다. 예술 작품, 책, 취미를 반영한 아이템 등으로 공간을 꾸미면 자신만의 특별한 공간이 만들어진다. 예를 들어, 좋아하는 작가의 포스터나 자신이 만든 공예품 등을 배치해 개성 넘치는 인테리어를 완성할 수 있다.

9. 편안한 휴식 공간 확보

작은 집이라도 휴식 공간은 필요하다. 편안한 1인용 소파나 빈백 의자를 배치해 독서나 커피 한 잔을 즐길 수 있는 아늑한 공간을 마련하자. 이 공간은 하루의 스트레스를 풀고, 혼자만의 시간을 온전히 즐길 수 있는 곳이 되어야 한다.

요즘 싱글라이프를 즐기는 사람들

싱글라이프를 제대로 즐기기 위한 집 인테리어는 개인의 취향과 라이프스타일을 반영하는 동시에, 자유롭고 독립적인 생활을 극대화할 수 있도록 설계되어야 한다. 집이 단순한 생활 공간을 넘어서, 휴식과 창의성, 자기 계발을 위한 장소가 되도록 몇 가지 인테리어 요소를 추가하면 좋다.

1. 홈카페나 바 공간

싱글라이프의 매력 중 하나는 집에서 자신의 시간을 마음껏 즐기는 것이다. 홈카페나 작은 홈바를 만들어 아침에는 커피를, 저녁에는 와인이나 칵테일을 만들어 마실 수 있는 공간을 마련해 보자. 작은 바 테이블과 편안한 바 스툴을 배치하면 혼자서도 충분히 감성적인 시간을 보낼 수 있다.

2. 작은 취미방 또는 크리에이티브 스튜디오

집 안에 취미방이나 작은 작업 공간을 마련해 보자. 크리에이티브 작업을 위한 작업실을 구성하거나, 예술 활동을 위한 공간을 만들 수 있다. 화실, 음악 작업실, 공예실 같은 공간은 자신만의 시간을 더 깊고 특별하게 보낼 수 있게 해준다. 책상 위에 창작 도구를 정리하고, 영감을 줄 수 있는 소품을 배치해 나만의 창작 공간을 완성할 수 있다.

3. 다양한 조명과 무드등 활용

싱글라이프를 즐기기 위해선 조명이 중요한 요소다. 공간의 분위기를 조절할 수 있는 무드등을 곳곳에 배치해 보자. 간접 조명을 사용하면 공간이 더 따뜻하고 아늑한 느낌을 주며, 필요에 따라 조명을 조절해 분위기를 연출할 수 있다. 예를 들어, 저녁에는 은은한 조명으로 휴식을 취하고, 책을 읽을 때는 밝은 스탠드 조명을 사용할 수 있다.

4. 미니멀리즘과 여백의 미

싱글라이프의 또 다른 장점은 자신의 취향에 맞게 공간을 꾸밀 수 있다는 것이다. 미니멀리즘을 통해 집을 간결하게 유지하면, 정신적 여유와 깔끔함을 유지할 수 있다. 공간에 너무 많은 가구나 소품을 배치하기보다는, 필요에 맞게 여백을 남겨두는 것이 좋다.

5. 편안한 소파나 안락의자

집 안에 편안한 소파나 안락의자를 두도록 하자. 이곳에서 책을 읽거나 영화를 감상하며 휴식을 취할 수 있도록 아늑한 공간을 구성해 보자. 이곳은 혼자만의 시간을 보내는 핵심적인 장소가 될 수 있다.

6. 스마트홈 시스템

스마트홈 시스템을 도입하면 삶의 질과 편의성을 높일 수 있다. 조명, 온도 조절, 음악, 보안 시스템 등을 스마트폰이나 음성 인식 시스템으로 제어한다. 바쁜 일상에서도 편리한 생활을 가능하게 한다. 예를 들어, 스마트 스피커를 통해 음악을 들으면서 요리를 하거나 스마트 조명을 통해 다양한 분위기를 연출할 수 있다.

7. 복층 구조나 공간 나누기

복층 구조나 메자닌(건물 1층과 2층 사이에 있는 라운지 공간을 뜻하는 이탈리아어) 형태의 집은 공간을 두 배로 활용할 수 있는 좋은 선택이다. 침실과 작업 공간을 위아래로 분리하거나, 파티션이나 가구로 자연스럽게 공간을 나누는 것도 좋다. 1인 가구는 필요에 따라 공간을 다용도로 사용하는 것이 중요하기 때문에 공간 분리를 통해 각 공간의 역할을 명확하게 할 수 있다.

8. 자기 계발 코너

혼자 사는 시간이 많을수록 자기 계발에 집중할 수 있는 공간을 만드는 것이 좋다. 독서 코너나 명상 공간, 운동 공간을 별도로 만들어 일상의 에너지를 충전할 장소로 활용할 수 있다. 작은 홈짐을 설치하거나 요가 매트와 명상 쿠션을 배치해 일상 속에서도 몸과 마음을 돌볼 수 있다.

이런 요소들은 1인 가구가 자신의 삶을 더욱 풍요롭고 창의적으로 즐길 수 있게 도와줄 것이다.

반려동물과 함께 공존하는 인테리어 이야기

반려동물 시장은 매년 커지고 있다. 올해 펫페어에 발을 디뎠을 때, 그곳은 단순히 물건을 사고파는 시장이 아니라 사람들의 애정과 열망이 가득한 축제였다. 반려견과 함께 카트를 끄는 가족, 손에 고양이를 안고 걸어 다니는 젊은 여성, 반짝이는 눈으로 신제품을 고르는 아이들까지. 모든 순간이 반려동물과 함께하는 삶의 행복을 보여주고 있었다. 페어를 보면 최근 커지고 있는 시장이나 트렌드를 알 수 있기 때문에 자주 가보는데, 유독 반려동물 페어가 활발해진 것을 느꼈다.

거리에서도 반려동물과 산책하는 사람들을 보며 문득 이런 생각이 들었다. "이제 우리는 단순히 반려동물을 키우는 게 아니라, 진짜 가족으로 받아들이는 시대에 살고 있구나." 펫팸족(펫(pet)+패밀리(family)를 합친 용어)이라는 키워드도 새로 만들어졌다. 반려동물이 집이라는 공간의 한 주인공으로 자리 잡아야 한다고 느끼게 되었다.

얼마 전, 강아지를 끔찍이 사랑하는 클라이언트를 만났다. 작업 과정은 그야말로 반려동물과의 공존을 고민하는 여정이었다. 반려동물들이 편안히 쉴 수 있는 코너, 서로의 동선을 고려해 작업을 했다.

반려동물을 위한 인테리어는 기능뿐만 아니라 그 안에는 가족의 이야기가 담겨야 하고, 서로를 향한 사랑이 스며들어야 한다. 고양이를 키우는 클라이언트를 위해 벽에는 숨겨진 서랍 같은 수납공간을 만들었고, 높은 곳을 좋아하는 고양이의 특성을 고려해 가구를 배치했다. 강아지와 고양이를 위한 집은 반드시 세련되고 실용적일 필요는 없다. 더 중요한 건 이 공간에서 반려동물이 행복한 시간을 보낼 수 있는지, 그리고 주인이 그들과 교감하며 더 많은 추억을 쌓을 수 있는지다. 이곳은 단순한 주거 공간이 아니라, 반려동물에 대한 사랑이 머무는 작은 세계다.

거리에서 강아지와 함께 산책하는 사람들을 보면 그동안 내가 디자인했던 집들, 그리고 그 안에서 웃고 있을 클라이언트와 반려동물의 모습이 떠오른다. 그들은 그들의 작은 세계에서 행복할까? 내가 그들에게 작은 도움이라도 줄 수 있을까? 하면서 요즘 반려동물을 위해 고려해 볼 인테리어 요소들을 정리해봤다.

1. 내구성이 강한 바닥재 선택
반려동물이 활발하게 뛰어놀기 때문에, 바닥은 스크래치에 강하고 미끄럽지 않은 재질을 선택하는 것이 좋다. LVT(Luxury Vinyl Tile), 라미네이트 바닥재는 긁힘에 강하고 청소가 용이하여 반려동물과 함께 생활하기에 적합하다. 또한, 코르크 바닥은 충격 흡수가 좋아 반려동물이 편히 걸을 수 있다.

2. 쉬운 청소를 위한 가구 선택

반려동물의 털과 먼지로 인해 청소가 자주 필요하다. 따라서 청소하기 편한 가구를 선택하는 것이 중요하다. 가죽 또는 인조 가죽 소파는 털이 잘 붙지 않으며, 물걸레로 쉽게 닦을 수 있어 관리가 용이하다. 탈착 가능한 패브릭 커버가 있는 소파나 의자는 세탁이 가능해 실용적이다. 소파나 침대에 커버를 씌워서 세탁 주기를 늘릴 수 있다.

3. 반려동물 전용 공간 마련

강아지나 고양이를 위한 전용 공간을 만들어 주면 반려동물이 안정감을 느끼며 휴식을 취할 수 있다. 강아지 침대나 고양이 타워를 배치해 반려동물이 편안하게 휴식할 수 있는 장소를 제공한다. 고양이를 위한 벽 선반을 설치해 캣 타워나 캣워크로 연결해 주면 고양이가 높은 곳에서 휴식을 취하며 스트레스를 줄일 수 있다.

4. 안전한 식물 배치

반려동물은 식물에 관심을 많이 가지기 때문에, 독성이 없는 식물을 선택하는 것이 중요하다. 산세베리아, 스파티필름, 펠리오돈드론 등은 안전한 실내 식물 중 하나다. 벽면에 걸 수 있는 식물대를 활용하는 것도 추천한다.

5. 미끄럼 방지 러그와 매트 사용

바닥에서 쉽게 미끄러질 수 있는 반려동물을 위해 미끄럼 방지 매트를 사용하는 것이 좋다. 특히, 거실이나 복도에 깔아주면 좋다. 반려동물의 관절을 보호하는 데도 도움이 된다.

6. 반려동물 전용 수납공간

반려동물의 장난감, 사료, 간식 등 다양한 물건을 정리하기 위한 전용 수납공간이 필요하다. 수납장이나 이동식 카트를 사용해 용품을 깔끔하게 보관하고, 반려동물이 쉽게 닿지 않도록 높이나 위치를 잘 고려해야 한다. 또한, 간식을 보관할 수 있는 선반을 설치하면 손쉽게 꺼내어 사용할 수 있다.

7. 안전을 위한 창문과 문 선택

창문과 출입문은 특별히 신경 써야 하는 부분이다. 창문에 안전 잠금 장치를 설치해 강아지나 고양이가 뛰어나가지 않도록 하고, 특히 고양이를 위해 방충망을 튼튼하게 고정해 준다.

8. 친환경 청소용품 사용

반려동물은 인간보다 화학 물질에 민감할 수 있으므로, 집 안 청소에는 친환경 청소용품을 사용하는 것이 좋다. 자연 유래 성분의 제품을 추천한다.

9. 창가와 햇빛을 활용한 휴식 공간

강아지와 고양이는 햇빛을 좋아한다. 창가에 쿠션이나 작은 애견 소파를 배치해 햇살을 즐길 공간을 만들어주면 반려동물에게 행복한 시간이 될 것이다.

10. 안전한 전선 정리

강아지와 고양이는 전선을 물거나 장난칠 수 있어, 전선은 반드시 정리하고 커버를 씌워 안전하게 보호해야 한다. 가구 뒤에 숨기는 것도 방법이다. 특히 고양이는 놀잇감으로 인식할 수 있어 더더욱 주의가 필요하다.

반려동물과 함께 생활하는 공간은 편안함과 안전성을 바탕으로 설계해야 한다. 실용적인 인테리어와 더불어 디자인적인 요소도 고려한다면, 반려동물과 함께하는 집은 더욱 따뜻하고 조화로운 공간이 될 수 있다.

사랑스러운 신혼부부 공간

신혼부부의 집을 꾸미는 과정은 설렘이 가득하다. 두 사람의 시작을 담은 공간은 함께 만들어갈 추억과 사랑 이야기가 펼쳐질 무대다. 신혼집 인테리어는 일반적인 가족 중심 주거와는 확연히 다르다. 선택의 기준, 공간에 담긴 의미, 그리고 디테일에 대한 고민까지, 모든 것이 새롭게 출발하는 두 사람의 이야기를 닮아야 한다.

신혼집, 따뜻함과 특별함을 담다

신혼집은 단순히 예쁘게 꾸민 공간이 아니다. 두 사람이 함께할 새로운 삶의 시작을 상징한다. 이 공간은 편안함을 넘어, 서로의 시간을 특별하게 만들어 줄 수 있어야 한다. 거실 소파는 저녁마다 함께 영화를 보고 이야기를 나눌 아늑한 장소가 되고, 침실은 하루를 마무리하며 서로의 온기를 느낄 수 있는 편안한 쉼터가 되어야 한다.

따뜻한 조명, 부드러운 컬러 팔레트, 그리고 느낌 있는 감성적인 가구는 신혼집의 필수 요소다. 편리하고 실용적인 공간이면서도, 두 사람의 감정을 담아낼 수 있는 따뜻함이 필요하다.

신혼집, 두 사람이 만드는 첫 번째 이야기

신혼부부의 집을 꾸미는 일이 그토록 설레는 이유는 그 공간이 단순한 집 이상의 의미를 가지기 때문이다. 그것은 두 사람만의 추억이 깃든 장소가 되고, 그들의 첫 번째 공동 작품이 된다. 그리고 그 작품은 시간이 지날수록 더욱 빛나는 보석처럼 변할 것이다.

1. 일관된 컬러 팔레트

집 전체의 색상을 일관되게 유지하면 공간이 더 넓고 정돈된 느낌을 준다. 화이트, 베이지, 그레이와 같은 중립적인 톤을 사용하여 기본적인 색감을 잡고, 부드러운 파스텔톤이나 우드톤을 포인트로 사용하면 아늑한 분위기를 연출할 수 있다. 두 사람의 취향을 반영해 네이비, 그린 등의 포인트 컬러를 소품이나 가구에 적용하면 집이 더욱 생동감 있게 변한다.

2. 공유 공간의 활용

신혼부부는 함께 시간을 보내는 공간을 중심으로 집을 구성하는 것이 중요하다. 거실은 두 사람이 가장 많이 시간을 보내는 곳이므로 편안한 소파와 다용도로 사용할 수 있는 커피 테이블을 배치해 함께 영화도 보고, 대화도 나눌 수 있는 공간으로 만들자. TV나 프로젝터를 설치해 영화 감상 공간으로 꾸미거나, 책장을 더해 책을 함께 읽을 수 있는 휴식 공간으로 활용할 수도 있다.

3. 다용도 가구 활용

공간이 한정된 경우, 다목적 가구는 신혼부부에게 필수적이다. 예를 들어, 수납이 가능한 침대나 확장형 식탁을 사용하면 공간을 더 효율적으로 활용할 수 있다. 소파에 수납공간이 있거나 접이식 테이블을 활용해 작은 공간에서도 실용성을 극대화할 수 있다. 이러한 가구들은 공간을 더욱 깔끔하게 유지하면서도 수납 문제를 해결하는 데 도움이 된다.

4. 개성을 담은 소품

신혼집은 두 사람의 취향과 이야기가 담긴 곳이어야 한다. 액자나 아트워크를 벽에 걸어 두 사람의 추억이나 여행 사진을 전시하면 감성적인 공간을 만들 수 있다. 또한, 서로 좋아하는 색감이나 테마를 반영한 쿠션, 러그, 커튼 같은 소품을 더해 집안에 개성을 표현할 수 있다. 두 사람이 함께 고른 소품이나 가구는 집을 꾸미는 즐거움을 더해줄 것이다.

5. 침실의 편안함

침실은 신혼부부에게 가장 중요한 공간 중 하나다. 편안한 침구류와 고급스러운 커튼을 활용해 아늑한 느낌을 주고, 침대 옆에 작은 협탁이나 무드등을 배치해 따뜻한 분위기를 연출한다. 또한, 침실은 심플하면서도 따뜻한 색조로 꾸미면 안정감이 더해져 숙면을 취할 수 있는 최적의 공간이 된다.

6. 식사 공간의 연출

아늑하고 편안한 식탁을 배치해 두 사람만의 특별한 식사 공간을 마련하는 것이 좋다. 작은 꽃병이나 캔들을 테이블 위에 놓아 분위기를 더욱 로맨틱하게 만들 수 있다. 또한, 식탁은 때로는 작업 공간으로도 사용될 수 있으므로 다목적 가구로 활용 가능한 디자인을 선택하는 것도 좋은 방법이다.

7. 공간에 여백을 남기기

신혼부부는 새로운 생활을 시작하는 만큼, 집안 곳곳에 여백을 남겨두는 것이 중요하다. 모든 공간을 가득 채우기보다는 여유로운 공간을 만들어 시간이 흐르며 점점 부부의 이야기로 채워질 수 있도록 한다. 여백은 차분하고 여유로운 분위기를 만들어준다.

신혼부부의 집 인테리어는 두 사람의 개성과 편안함을 담아내는 공간이어야 한다. 기능성과 감성 모두를 고려한 인테리어는 두 사람의 일상에 따뜻함과 즐거움을 더할 것이다.

시니어를 위한 배려 공간

　　우리가 흔히 인테리어 이야기를 할 때, 시니어 소비자에 대한 이야기는 잘 등장하지 않는다. 대부분의 부모님 세대는 자신이 거주하는 공간의 디자인을 고민하거나 가치를 위해 비용을 지출하는 것에 익숙하지 않기 때문이다. 하지만 이제는 시니어 라이프를 위한 인테리어는 더 이상 간과할 수 없는 중요한 주제가 되었다.

　　부모님이 나이가 들면서 자주 넘어지시거나, 물건을 놓치거나, 둔해진 모습을 보면서 속상해서 괜히 짜증이 났던 기억이 있다. 하지만 시간이 지나고 생각해 보니 나이가 들어간다는 자연스러운 모습이었다. 시니어를 배려한 공간이 필요한 이유다.

　　시니어를 위한 잘 설계된 공간은 안정감을 느끼고 독립적으로 생활할 수 있는 기반이 된다. 자신이 거주하는 공간이 '나를 배려한 곳'이라는 느낌을 줄 때, 시니어들은 더 행복하고 건강하게 일상을 보낼 수 있다.

시니어 라이프의 핵심: 안전과 편안함
　　나이가 들수록 우리의 몸은 느려지고, 감각은 둔해진다. 이런 변화는 일상 속 작은 요소에도 크게 영향을 미친다. 예를 들어, 약간 높은 문턱이나 어두운 조명은 사고의 원인이 될 수 있다. 시니어를 위한 인테리어는 단순히 '보기 좋은 공간'을 넘어, 안전하고 편안한 일상을 보장하는 공간을 만드는 데 초점이 맞춰져야 한다.

우리가 시니어 소비자들을 위한 인테리어를 고민하는 이유는 단순히 그들의 현재를 위한 것이 아니다. 이는 곧 우리의 미래를 준비하는 일이기도 하다. 결국 우리 모두는 언젠가 시니어가 되고, 그때를 대비해 지금부터 더 나은 환경을 고민하는 것은 필요하다. 공간은 나이를 초월해 삶의 질을 결정짓는 중요한 요소다. 시니어를 위한 인테리어는 단순한 트렌드가 아니라, 그들의 삶을 안전하고 풍요롭게 만들어주는 배려이자 책임이다. 이 배려로 가득 찬 공간에서 시니어들이 더 오랜 시간 독립적이고 품위 있는 삶을 살아가길 바란다.

1. 미끄럼 방지 바닥재

시니어에게 미끄러짐 사고는 빈번하게 발생한다. 바닥은 단단하고 미끄럽지 않은 소재를 사용하는 것이 중요하다. 러그는 고무 패드를 사용하거나 고정된 러그를 선택하는 것이 좋다. 특히 욕실이나 주방처럼 물기가 많은 공간에는 미끄럼 방지 타일이나 고무 매트를 설치해 안전성을 높여야 한다.

2. 문턱 제거

문턱에 걸려 넘어지는 사고도 빈번하게 발생한다. 문턱을 제거하거나 낮은 문턱으로 바꾸면 휠체어나 보행기 사용이 더 편리해지고, 걸려 넘어지는 위험도 줄어든다. 특히 거실과 욕실, 침실로 연결되는 동선은 평평하게 만들어 이동을 용이하게 해야 한다.

3. 손잡이와 안전바 설치

시니어는 균형을 잃기 쉽기 때문에 손잡이와 안전바 설치가 필요하다. 욕실과 화장실에는 반드시 손잡이를 설치하고, 침대 옆이나 계단 근처에도 설치하기를 권장한다. 손잡이는 시니어가 몸을 의지할 수 있도록 사용하기 쉽고 견고한 재질을 선택해야 한다.

4. 높낮이 조절 가능한 가구

시니어들이 사용하는 가구는 높이가 적절해야 한다. 침대나 소파는 너무 낮거나 높으면 앉고 일어서는 과정에서 어려움을 겪는다. 높낮이 조절 가능한 의자나 침대를 선택하면 시니어들이 편안하게 앉고 일어설 수 있다. 가구는 바퀴가 달리지 않은 고정된 제품이 안전하다.

5. 충분한 조명

나이가 들수록 시력이 약해지기 때문에 조명이 중요해진다. 밝은 LED 조명을 사용하고 간접 조명을 추가하여 집안 곳곳을 밝게 만들어야 한다. 특히 계단, 화장실, 침실 등 밤에도 자주 이동하는 공간에는 센서 등을 설치해 안전하게 이동할 수 있도록 해야 한다.

6. 비상 연락 시스템

갑작스러운 상황에 대비해 비상 연락 시스템을 설치하는 것도 중요하다. 비상벨이나 응급 호출 버튼을 욕실, 침실, 거실 등에 설치해 만약의 경우 빠르게 도움을 요청할 시스템을 마련하면 좋다. 또한, 전화기나 스마트폰을 쉽게 사용할 수 있는 곳에 두어 언제든지 연락할 수 있도록 한다.

7. 넓고 열린 동선

집 안의 동선을 넓고 개방적으로 설계해야 한다. 휠체어를 사용하는 경우를 대비해 복도와 출입구를 넓히고, 가구 배치도 동선을 방해하지 않도록 해야 한다. 거실이나 주방에서 이동할 때 걸리적거리는 요소를 제거하면 이동이 훨씬 편리해진다.

사랑하는 취미가 함께 머무는 공간

　최근 몇 년간 소비자들이 취미를 즐길 환경과 취미에 대한 관심이 부쩍 늘어났다는 걸 느낀다. 취미는 점점 더 다양하고 전문화되어, 마치 그 분야의 프로처럼 느껴지기도 한다. 집 안에 영화관을 만들기 위해 최고급 음향 장비를 들이는 사람, 게임을 더욱 실감 나게 즐기기 위해 방 하나를 PC방으로 꾸미는 사람, 다양한 운동 장비를 보관할 공간을 만드는 사람까지. 이들은 자신이 사랑하는 것을 온전히 누리고 더 깊이 탐구할 수 있는 장소를 원한다.

　그렇다면, 어떻게 취미를 위한 집을 꾸밀 수 있을까? 답은 감각과 실용성의 균형이다. 공간이 주는 감각적 자극과 실용성이 조화를 이루는 순간, 취미는 단순한 여가를 넘어 삶의 질을 높이는 깊이 있는 경험으로 변한다. 취미에 따라 공간 구성은 달라지겠지만, 다음과 같은 몇 가지 기본 팁을 적용하면 누구나 취미를 누릴 수 있는 집을 만들 수 있다.

1. 취미의 성격을 고려한 공간 배치
커피를 사랑하는 사람이라면 주방 한 편에 공간을 비워서 홈카페로 만들 수 있다. 영화를 즐기는 사람이라면 벽 앞에 배치한 가구들을 전부 이동시켜 스크린으로 활용할 수 있다.

2. 수납과 전시의 균형

와인 수집가라면 와인을 보관하면서도 전시할 수 있는 와인 랙을, 자전거 애호가라면 벽걸이형 수납을 통해 공간을 절약하면서도 작품처럼 전시할 방법을 고민해 보는 것도 도움이 된다. 벽면을 활용한 미니갤러리를 만들어 자신의 작품을 걸거나, 수집한 예술품을 배치해 감상할 수 있도록 한다. 미니멀한 선반이나 벽걸이를 활용해 깔끔하게 정리된 전시 공간을 구성하면, 취미 생활을 더욱 특별하게 만들 수 있다. 예술을 사랑하는 사람들은 자신의 공간을 창작과 감상의 무대로 활용할 수 있다.

3. 맞춤형 가구와 디테일

취미에 따라 공간은 더 디테일해질 수 있다. 예를 들어, 바둑을 좋아한다면 작은 접이식 바둑판 테이블이나 게임 카트가 있는 코너를 만들어보는 식이다. 음악 활동이 취미라면 방음이 잘 된 공간에 악기와 녹음 장비를 설치하는 것이 중요하다. 책상과 의자는 연습이나 작업 중 편안함을 제공할 수 있도록 인체공학적으로 설계된 것을 선택하고, 방음 패널을 추가해 외부 소음에서 자유로운 환경을 만들어야 한다. 미술을 즐기는 사람이라면 넓은 작업대와 수납장을 배치해 도구를 깔끔하게 정리하고, 작업에 몰두할 수 있는 환경을 구축해야 한다. 클래식 음악을 주로 듣는 사람이라면 우드 톤 가구와 고전적인 소품으로 공간을 꾸며 음악의 깊이를 더할 수 있다. 반대로, 현대적인 감각을 선호하는 사람은 미니멀한 디자인과 메탈릭 소재를 활용해 깔끔하고 세련된 분위기를 연출할 수 있다.

4. 편안한 휴식 공간

취미 활동을 하다가 잠시 휴식을 취할 수 있는 공간도 필요하다. 안락한 소파나 빈백 의자를 배치해 독서나 음악 감상을 하며 잠시 머리를 식힐 공간을 마련하는 것이 좋다. 여기에 작은 커피 테이블과 식물을 배치하면 편안하고 따뜻한 분위기를 더할 수 있다. 공간을 너무 복잡하게 꾸미지 않고, 단순하고 여유로운 느낌을 주는 것이 핵심이다.

5. 창의력을 자극하는 요소들

취미는 창의력과 깊은 몰입이 필요한 경우가 많다. 벽에 영감을 주는 문구를 걸거나, 자연을 담은 소품을 배치해 공간을 더 활기차고 생동감 있게 만드는 것이 좋다. 음악을 들을 수 있는 스피커 시스템이나 작업할 때의 배경 음악을 설정해 둬 마음을 편안하게 유지하는 것도 창의력을 높이는 데 도움이 된다.

집은 당신이 사랑하는 것들을 담아내는 큰 캔버스다. 취미가 삶에 활력을 불어넣듯, 집 역시 당신만의 열정을 닮아가도록 설계되면 일상이 즐거워진다. 그 공간에서 웃고있는 자신을 상상해 보자. 나만의 취미와 사랑이 머무는 집을 그려보자. 그것이 일상에 얼마나 큰 기쁨을 선사할지, 상상만으로도 가슴이 설렌다.

콘텐츠와 삶이 만나는 무대, 크리에이터

요즘 주변을 둘러보면 크리에이터로 살아가는 사람들이 부쩍 많아졌다. 이들은 꼭 유튜버에 국한되지 않는다. 인스타그래머, 블로거, 틱톡커 등 다양한 플랫폼에서 자신만의 이야기를 창조하며 적극적으로 콘텐츠를 만드는 사람들이 바로 크리에이터다. 몇 년 전까지만 해도 이런 활동은 단순히 소소한 일상의 취미로 여겨졌을지 모른다. 하지만 이제는 이 모든 것이 하나의 직업이자 새로운 전문성으로 자리 잡았다.

한때 '맛집 블로거'는 단순히 맛집을 좋아하는 사람이었다. 그러나 이제는 그들이 만드는 콘텐츠가 단순한 기록을 넘어, 하나의 직업적 역량과 깊이를 보여주는 시대다. 이런 변화는 단순한 기술적 발전의 산물이 아니다. 이는 창작자들이 자신의 열정과 삶을 더 깊이 탐구하고 이를 세상과 공유하고자 하는 의지에서 비롯된다. 그리고 그 모든 의지가 담기는 첫 번째 무대가 바로 집이다.

실제로 최근 맡았던 프로젝트도 인플루언서의 집이었다. 그 인플루언서에게는 집이 곧 무대이기도 했다. 그래서 일반적인 집이랑 조금은 다르게 디자인 계획을 잡았던 기억이 있다.

크리에이터의 집은 단순한 생활공간이 아니다. 크리에이터의 삶과 콘

텐츠가 만나 이야기를 풀어내는 무대였다. 주방의 따스한 아침 햇살, 거실의 푹
신한 소파, 고급스러운 배경이 되어주는 욕실까지 모든 것이 크리에이터의 이야
기에 담긴다.

이 공간이 진정성을 발휘하는 순간은 크리에이터의 정체성과 콘텐츠
의 결이 자연스럽게 맞아떨어질 때다. 삶의 흔적이 고스란히 녹아 있는 무대에
서 시청자들은 크리에이터와 더 적극적으로 소통이 됨을 느낀다. 예를 들어 브
이로그를 제작하는 창작자라면, 주방에서 준비하는 아침 식사부터 작업실에서
의 고요한 밤까지, 그들의 일상이 곧 콘텐츠가 된다. 모든 공간은 단순한 장소를
넘어 크리에이터의 메시지를 담아내는 하나의 '장면'이 되는 것이다.

또, 자체적으로 유튜브 촬영 방을 하나 꾸며 운영하는 경우도 많이 있
다. 어쩌면 대부분의 스튜디오 촬영 방식의 유튜브 채널에서 쉽게 볼 수 있는 모
습이다. 집 공간 중 어느 한방에서 모든 것을 해결하는 방식이고, 그 방은 촬영에
적합한 환경으로 조성해 놓는다.

1. 조명과 자연광의 중요성
조명은 단순한 도구를 넘어, 영상의 온도와 감정을 결정짓는 중요한
요소다. 빛이 스며드는 창가에 서면 마치 햇살이 부드럽게 손끝을 감
싸는 듯한 느낌을 받는다. 그 햇빛이 창문 너머로 가득 들어오는 순간,
영상은 더 이상 단순한 화면이 아니라 감정의 흐름을 따라가는 시각
적 여행이 된다. 자연광을 최대한 활용하는 것이 이상적이지만, 날씨
와 시간대에 따라 인공조명의 역할도 중요하다. 그때 사용하는 소프트

박스나 링 라이트는 빛을 부드럽게 퍼뜨리며, 마치 노을이 지는 저녁 하늘처럼 공간을 은은하게 채워준다.

만약 집에 지정된 촬영공간이 따로 있는 게 아니라 집 전체가 촬영 배경이라면 처음부터 촬영을 고려한 조명 설계를 하는 게 좋다.

2. 심플하지만 감성을 담은 배경

배경은 그 자체로 유튜버의 개성을 표현해야 한다. 하얗게 칠해진 벽에 작은 액자 하나가 걸려 있다면, 그 액자 속에는 마치 오래된 기억이 숨 쉬듯이 시간의 흔적이 담겨 있다. 그 배경은 지나치게 화려하지 않으면서도 시청자의 눈길을 끌 수 있는 포인트가 된다. 예를 들어 벽 한쪽에 아트워크를 걸고 작은 식물을 배치하면, 그 순간 그 공간은 단순한 촬영 장소를 넘어 하나의 작은 정원이 된다. 잎사귀에 스치는 바람소리조차 들릴 것 같은 착각을 불러일으킬 수 있을 만큼, 공간에 생명감을 불어넣는다.

아무래도 인기 있는 유튜버의 경우 힙한 소품들이 함께 영상에 보여지는게 좋다. 영화에서 미술팀이 하는 역할처럼 집을 하나의 촬영 세트라 생각하고 카메라에 걸리는 부분들을 신경 써서 스타일링하는것을 추천한다.

3. 정돈된 수납공간이 주는 여유

수납은 단지 물건을 보관하는 기능을 넘어서 공간을 가꾼다. 벽면 가득 채운 깔끔한 선반 위에는 카메라, 삼각대, 조명 기구들이 정돈되어 있고, 그 사이사이에 작은 장식들이 놓여 있다. 그러한 모습은 마치 잘

191

짜인 퍼즐처럼 모든 것이 제자리를 찾아가고 있는 듯한 조화로움을 준다. 서랍을 열면 깔끔하게 정리된 케이블과 촬영 도구들이 마치 기다렸다는 듯이 모습을 드러낸다. 이처럼 정리된 공간은 단순한 효율성을 넘어서 마음의 평온을 제공하며, 작업에 집중할 수 있는 여유를 만들어낸다. 촬영팀이 있는 경우보다 집에서는 셀프로 촬영하는 경우가 많기 때문에 일과 일상의 중첩이 이루어지는 공간에서 최대한 몸과 마음이 편하도록 세팅해 놓는 게 좋다.

4. 일관된 색감과 스타일

색감과 스타일의 통일성은 시각적으로 큰 힘을 발휘한다. 예를 들어, 크림색 벽과 맞닿은 우드톤의 가구가 마치 따뜻한 빛을 품고 있는 것처럼 공간을 감싸안는다. 그 속에서 조용히 빛나는 금속 프레임의 의자가 놓여 있다면 그 하나의 가구가 공간을 정돈하고 또렷한 선을 그리며 조화를 이룬다. 이러한 통일감은 시청자가 콘텐츠를 보면서 무언가 안정적이고 일관된 흐름을 느끼게 해준다. 마치 한 편의 영화를 보는 것처럼 모든 것이 자연스럽게 이어지는 느낌을 받을 수 있게 된다. 훌륭한 시각적인 인테리어가 아니더라도 톤만 잘 정리되어 있어도 멋진 공간으로 보이게 할 수 있다.

5. 개성을 담은 공간 구성

유튜버의 공간은 그 자체가 하나의 이야기다. 벽 한쪽에 놓인 독특한 조명이 그 방의 주인을 이야기하고, 작은 화분 하나가 그들의 취향을 드러낸다. 공간은 그 자체로 유튜버의 정체성을 반영하고, 시청자와 유튜버를 연결하는 다리 역할을 한다. 그들이 좋아하는 색감과 테마로 꾸민 방은 단순한 배경을 넘어 그들만의 작은 세계가 된다. 시청자들은 그 공간을 보며 유튜버의 삶과 이야기에 더 가까워지고, 그들이 진정성을 가지고 그 공간을 만들어 나갔다는 것을 느낄 수 있다.

이렇듯 유튜버를 위한 인테리어는 시각적인 배경 이상의 의미를 가진다. 공간은 그들만의 이야기를 담고, 시청자와 교감하는 중요한 매개체가 된다.

인스타그램 인플루언서를 위한 공간

인스타그램 인플루언서를 위한 집 인테리어는 단순한 장식 이상으로, 사진과 영상 콘텐츠의 핵심 배경이자 브랜드 이미지를 형성하는 중요한 역할을 한다. 인스타그램 특성상 시각적 매력이 강조되기 때문에, 인테리어는 감각적이면서도 독창적인 스타일을 반영해야 한다. 그렇다면 인스타그램 인플루언서들이 성공적인 콘텐츠를 위해 집을 어떻게 꾸며야 할까?

1. 빛이 흐르는 공간

자연광은 인스타그램 사진에서 가장 중요한 요소 중 하나다. 창을 통해 들어오는 자연스러운 빛이 실내 공간을 은은하게 비출 때, 사진은 훨씬 따뜻하고 생동감 있게 표현된다. 그래서 창가를 중심으로 주요 촬영 공간을 배치하는 것이 좋다. 창이 적거나 자연광이 부족하다면, 링 라이트나 소프트 조명을 사용해 부드러운 빛을 만들어내면 된다. 이렇게 자연스러운 빛이 흐르는 공간은 사진 속에서 마치 따뜻한 햇살이 가득한 순간을 포착한 듯한 효과를 준다.

2. 감각적인 배경과 텍스처

배경은 콘텐츠의 첫인상을 좌우하기 때문에 심플하면서도 독특한 요소를 더하는 것이 중요하다. 흰색이나 베이지 같은 중립적인 색상은 기본적으로 안정감을 주지만, 여기에 자연적인 텍스처를 더해보자. 러그, 쿠션, 나무 가구와 같은 소품은 공간에 따뜻한 느낌을 더해주며, 사진 속에서도 질감을 풍부하게 만들어준다. 예를 들어, 거친 나무 테이블 위에 부드러운 리넨 천을 살짝 걸쳐 놓으면 그 자체로도 하나의 완성된 장면처럼 느껴진다.

3. 포토존이 되는 벽

인플루언서는 종종 같은 공간에서 다양한 콘텐츠를 만들어야 하기 때문에 포토존이 될 수 있는 독특한 벽을 꾸미는 것이 좋다. 한쪽 벽에는 아트워크나 독특한 패턴의 벽지를 사용해 특별한 느낌을 주고, 다른 벽은 심플한 컬러로 마감해 그날의 분위기에 맞게 다양한 소품과 함께 활용할 수 있다. 특히 트렌디한 네온사인이나 심플한 벽 선반을 추가하면 사진 속에서 개성을 더욱 강조할 수 있다.

4. 일관된 컬러 팔레트

컬러는 인스타그램 피드 전체의 분위기를 좌우하기 때문에 일관된 컬러 팔레트를 유지하는 것이 중요하다. 예를 들어, 베이지와 화이트 톤을 기본으로 하되, 여기에 소품으로 골드나 블랙 같은 포인트 컬러를 추가하면 고급스럽고 세련된 느낌을 줄 수 있다. 피드의 전체적인 통일감을 유지하면서도 각 콘텐츠마다 개성을 드러낼 수 있도록 컬러 조합에 신경 쓰는 것이 필요하다.

5. 디테일을 담아내는 공간 구성

인스타그램 콘텐츠에서 중요한 것은 작은 디테일이다. 책상 위에 놓인 커피잔 하나, 소파 위에 무심하게 걸쳐진 담요, 벽에 걸린 작은 액자가 모두 하나의 장면을 완성시킨다. 촬영 공간을 꾸밀 때는 이러한 디테일을 고려해 작은 소품까지 신경 써야 한다. 깔끔하게 정리된 공간이지만, 그 속에 작은 이야기가 담긴 듯한 느낌을 주는 것이 인플루언서 인테리어의 핵심이다.

인스타그램 인플루언서를 위한 인테리어는 단순히 아름다운 장식이 아닌, 시각적 이야기를 만들어내는 중요한 도구다. 감각적인 빛과 색감, 자연스러운 텍스처와 소품이 어우러진 공간은 인플루언서의 개성을 돋보이게 하고, 시청자와 더 깊이 연결될 수 있는 기회를 제공한다.

1인 사업자를 위한 인테리어

디지털 노마드나 집에서 1인 사업을 하는 사람들은 효율적인 작업 환경과 동시에 편안한 생활 공간을 원한다. 생산성을 높이면서도, 휴식과 창의력을 자극하는 요소를 모두 담아야 한다.

1. 다목적 공간의 활용

작업 공간과 휴식 공간을 나누는 것이 중요하다. 한정된 공간에서 여러 활동을 하려면, 가구와 공간을 다목적으로 설계하는 것이 효율적이다. 접이식 책상이나 이동 가능한 가구를 사용하면 필요에 따라 공간을 쉽게 전환할 수 있다. 작업할 때는 집중할 수 있는 공간으로, 쉴 때는 휴식 공간으로 변환 가능한 구성을 추천한다.

2. 편안한 작업 환경

장시간 작업을 할 때는 인체공학적인 가구가 필수다. 편안한 의자와 조절 가능한 책상은 허리와 목의 피로를 줄여주며, 더 오랜 시간 집중할 수 있게 한다. 의자는 몸을 지지해 주는 기능이 중요한데, 등받이 각도가 조절되거나 팔걸이가 있는 의자를 선택하면 좋다. 또한, 서서 일할 수 있는 스탠딩 데스크는 장시간 앉아 있는 데서 오는 건강 문제를 해결하는 데 도움이 된다.

3. 조명과 자연광 활용

조명은 집중력을 높이고 피로를 덜어주는 중요한 요소다. 가능하면 자연광이 들어오는 공간에서 일하는 것이 좋다. 그렇지 않을 경우, 데스크 램프나 간접 조명을 사용해 밝기를 조절할 수 있다. 따뜻한 빛은 공간을 아늑하게 만들고, 블루라이트 필터가 있는 조명을 선택하면 눈의 피로도 줄어들 수 있다. 창가 근처에서 작업하면 시각적으로도 더 편안하고, 환기도 잘 돼 머리가 맑아진다.

4. 깔끔한 수납과 정리

작업 공간이 정돈되어 있으면 생산성도 높아진다. 벽걸이 선반이나 서랍장을 이용해 작업 도구를 정리하고, 케이블 관리를 통해 책상 위를 깔끔하게 유지하는 것이 좋다. 디지털 노마드는 언제든지 이동할 수 있도록 가볍고 필요한 것만 소지하는 습관을 들이면 좋고, 집에서 일하는 사람은 자주 사용하는 물건을 가까운 수납 공간에 두는 것이 효율적이다. 미니멀리즘을 실천해 공간을 심플하게 유지하는 것도 작업 집중에 도움이 된다.

5. 휴식 공간 배치

업무와 생활이 구분되지 않으면 피로가 쉽게 누적된다. 작업 공간과 휴식 공간을 분리해, 일과 쉼의 경계를 확실히 구분하는 것이 중요하다. 창가에 작은 안락의자를 두어 업무 중간에 커피를 마시며 바깥을 볼 수 있는 여유 공간을 마련해 두거나, 러그나 쿠션 같은 부드러운 소재를 활용해 포근한 분위기를 만들면 좋다. 휴식 공간은 색감이나 가구 배치에서 차분하고 편안한 느낌을 주도록 설계하는 것이 중요하다.

6. 개성을 담은 인테리어
창의성을 자극할 수 있는 요소들을 인테리어에 반영하는 것이 좋다. 예를 들어, 벽에 아트워크나 영감이 되는 문구를 걸어두면 작업에 긍정적인 영향을 줄 수 있다. 또한, 자연을 반영한 인테리어는 평온함을 더해준다. 예를 들어 실내 식물은 공간을 생동감 있게 만들고, 작업 스트레스를 덜어주는 효과가 있다.

7. 일관된 색감과 스타일 유지
작업 공간과 휴식 공간에 일관된 색감을 적용하면 공간이 더 안정적이고 집중할 수 있는 분위기가 조성된다. 예를 들어, 화이트와 우드톤을 기본으로 한 인테리어는 깔끔하면서도 따뜻한 느낌을 준다. 여기에 블랙이나 그린과 같은 포인트 컬러를 더하면 생동감을 줄 수 있다. 색감은 시각적으로 편안함을 제공하면서도 분위기를 통일시키는 중요한 요소다.

디지털 노마드나 1인 사업자를 위한 인테리어는 효율성과 개성을 동시에 담아내는 것이 중요하다. 잘 구성된 공간은 단순히 일하는 장소를 넘어서 창의적인 아이디어가 샘솟고, 피로한 마음을 회복하는 안식처가 될 수 있다.

스마트스토어를 위한 공간

스마트스토어 사업을 운영하는 사람들에게 집 인테리어는 단순한 작업 공간을 넘어, 창의적인 아이디어가 샘솟는 환경이 되어야 한다. 스마트스토어 운영자들은 대부분 집에서 온라인 비즈니스를 운영하기 때문에 작업 효율성을 높이고 동시에 스트레스를 줄여줄 수 있는 공간 구성이 중요하다.

1. 효율적인 작업 공간 구성

스마트스토어 사업은 제품 관리, 주문 처리, 고객 응대 등 다양한 업무를 처리해야 하기 때문에 효율적인 작업 공간이 필수적이다. 듀얼 모니터나 넓은 책상을 배치해 작업 흐름을 최적화하고, 제품 사진 촬영과 포장 작업을 동시에 할 수 있는 충분한 공간을 마련하는 것이 좋다. 책상 근처에 정리함이나 서랍장을 두어 필요한 도구와 자료를 정리하고 쉽게 접근할 수 있도록 설계해야 한다.

2. 사진 촬영을 위한 미니 스튜디오

스마트스토어에서 제품 사진은 매우 중요한 역할을 한다. 전문 스튜디오를 이용할 수 없다면 집 안에 작은 촬영 공간을 마련하는 것이 좋다. 벽 한쪽을 화이트보드나 심플한 배경으로 꾸미고, 조명을 활용해 제품을 돋보이게 한다. 자연광을 최대한 활용하되, 어두운 날씨에도 대비할 수 있도록 소프트 박스나 링 라이트 같은 조명을 추가해 사진 품질을 일정하게 유지하는 것이 중요하다.

3. 정리된 수납 시스템

스마트스토어 운영자는 다양한 제품을 관리해야 하므로, 깔끔한 수납 시스템이 필수적이다. 벽면 수납장이나 서랍식 캐비닛을 설치해 재고 관리와 포장 도구를 효율적으로 보관하자. 카테고리별로 물품을 구분해 정리하면 작업 흐름이 원활해지고, 제품을 찾는 시간이 줄어든다. 라벨링 시스템을 활용해 모든 물품의 위치를 명확하게 표시해 두는 것도 추천한다.

4. 작업과 휴식 공간의 분리

업무와 생활의 경계가 불분명해질 수 있기 때문에, 작업 공간과 휴식 공간을 분리하는 것이 중요하다. 작업실과 거실을 따로 구분하거나, 작은 칸막이 또는 책장을 활용해 공간을 나누자. 공간을 분리하면 업무 시간과 휴식 시간을 구분할 수 있다.

5. 조명과 색감의 활용

스마트스토어 운영자는 오랜 시간 컴퓨터 앞에 앉아 있기 때문에 눈의 피로를 줄이는 인테리어 요소가 필요하다. 따뜻한 간접 조명을 사용해 공간을 아늑하게 만들고, 자연광이 들어오는 창가 근처에서 작업 공간을 배치하자. 색감은 화이트, 그레이, 우드톤 등 차분한 색조로 구성해 시각적으로 편안함을 주는 걸 추천한다.

6. 작은 포토존 만들기

스마트스토어 사업자는 제품을 홍보하기 위해 인스타그램이나 블로그에 사진을 올린다. 이를 위해 집 안에 작은 포토존을 마련해 두면 유용하다. 예쁜 식물, 소품, 포스터 등을 활용해 브랜드 이미지를 살릴 공간을 만들자.

7. 일관된 브랜드 감성 담기

스마트스토어는 온라인 브랜드이기 때문에 작업 공간에도 브랜드 감성을 담는 것이 좋다. 벽에 걸린 브랜드 컬러의 포스터나 로고를 활용하면 브랜드 일관성을 유지할 수 있고, 휴식 공간과 구별이 뚜렷해져 집중력이 올라간다. 고객이 방문하지 않더라도 스스로 브랜드에 몰입할 환경을 만드는 것이 중요하다.

스마트스토어 사업을 위한 인테리어의 중요한 점은 작업의 효율성과 창의성이다. 이를 통해 더 나은 제품을 개발하고, 고객과 소통하는 데 필요한 감각을 키울 수 있다.

크리에이터를 위한 공간

크리에이터의 공간은 창의력과 집중력뿐만 아니라 영감을 받을 요소가 필요하다. 편안함을 느끼는 동시에 창의적인 에너지가 흘러야 한다.

1. 빛의 마법을 활용하기

조명은 중요한 요소 중 하나다. 자연광이 잘 들어오는 공간은 작업의 질을 높여주며, 작업할 때 집중력과 감성을 자극한다. 창가 근처에 작업 공간을 배치해 자연광을 최대한 활용하자. 조명은 작업 시간에 따라 조절할 수 있는 LED 조명이 좋다. 작업할 때는 밝고 차가운 빛을, 휴식 시에는 따뜻하고 부드러운 빛으로 공간의 분위기를 조절하면 하루의 리듬을 조화롭게 유지할 수 있다.

2. 효율적인 작업 공간과 가구 배치

디자이너나 영상 제작자는 다양한 장비와 도구를 사용하기 때문에 넓은 책상과 다목적 수납장이 필수다. 모니터 암을 사용해 책상 공간을 최대한 활용하고, 필요한 물건들은 손 닿는 곳에 배치한다. 높이 조절이 가능한 책상을 사용해 작업 중 서서 일하는 것도 추천한다. 몸에 부담을 줄이고, 창의적인 사고의 흐름을 유지할 수 있다.

3. 작업과 휴식을 분리하는 공간 구성

디자이너나 크리에이터는 창작 과정에서 많은 에너지를 소비하기 때문에 작업 공간과 휴식 공간을 명확히 구분하는 것이 중요하다. 작은 안락의자와 사이드 테이블을 배치해 작업 중간에 휴식을 취할 공간을 마련하면 정신적 피로를 줄일 수 있다.

4. 창의력을 자극할 요소 더하기

창의력을 높여줄 요소들을 활용해보자. 아트워크나 포스터를 벽에 걸어두거나 창작에 도움을 줄 다양한 참고 서적들도 작업 공간 곁에 두자. 아기자기한 소품들도 추천한다.

5. 작업 환경의 기능성 극대화

디자이너와 크리에이터는 디지털 장비를 많이 사용하기 때문에 기능적인 부분도 고려해야 한다. 시각적 혼란을 줄이기 위해 케이블을 정리하자. 외부 소음을 차단하기 위한 방음 패널도 좋은 선택이다. 영상 콘텐츠를 제작하는 경우에는 방음재나 흡음 패널을 사용해 소리의 질을 높이는 것이 필요하다. 작업 공간의 기능성을 극대화하는 동시에 정돈된 느낌을 주는 것이 작업 효율을 높이는 비결이다.

6. 작은 스튜디오 공간 마련

영상 콘텐츠 제작자는 집 안에 작은 스튜디오 공간을 마련하는 것이 좋다. 배경 벽을 꾸미고, 조명을 잘 배치해 촬영용 포토존을 구성하면 편리하다. 크리에이터는 종종 제품 리뷰, 튜토리얼, 브이로그 등을 촬영하기 때문에 모듈형 배경을 통해 상황에 맞는 다양한 스타일을 연출할 수 있는 공간을 만들면 유용하다. 예를 들어, 한쪽 벽은 화이트보드나 단색 벽지로, 다른 쪽은 포스터나 소품을 활용한 배경으로 구성해 촬영의 다양성을 고려할 수 있다.

작가와 에디터를 위한 공간

작가와 에디터는 장시간 글을 써야 하기 때문에 편안하고 차분한 작업 환경이 필요하다. 동시에, 영감을 자극하는 요소들이 담긴 공간도 중요하다.

1. 영감을 주는 책장

작가와 에디터에게 책은 중요한 자산이다. 작업 공간에 넉넉한 책장을 배치해서 자주 사용하는 자료나 영감을 얻을 책들을 가까이에 두자. 책 옆에 소장품이나 작은 식물을 배치해 감성적인 느낌을 더할 수 있다. 깔끔하게 정돈된 책장은 영감의 창고 역할을 할 것이다.

2. 편안한 글쓰기 환경

글을 오래 쓰다 보면 몸에 피로가 쌓이기 쉽다. 인체공학적인 의자와 편안한 책상은 필수적이다. 책상은 넓고 높이 조절이 가능한 것이 좋으며, 의자는 허리와 목을 편안하게 지지해 주는 의자를 선택하는 것이 좋다. 때때로 서서 일할 수 있는 스탠딩 데스크를 마련해 신체에 부담을 줄여주고, 피로를 방지하는 데 도움이 된다.

3. 자연광과 조명 활용

자연광은 집중력을 높여주고 기분을 전환시키는 중요한 요소다. 가능하면 창가 근처에 작업 공간을 두어 자연광이 충분히 들어오게 한다. 창이 없는 공간이라면, 데스크 램프나 간접 조명을 활용하자. 따뜻한 색조의 조명은 글쓰기에 필요한 차분한 분위기를 조성해 준다. 빛이 부드럽게 흘러내리는 공간은 마치 단어들이 자연스럽게 떠오르게 만드는 듯한 기분을 준다.

4. 창의성을 자극하는 장식

영감을 자극하는 환경이 필요하다. 벽에 아트워크나 영감을 주는 문구를 걸어두고, 작은 소품이나 식물을 배치해 시각적인 즐거움을 주는 것이 좋다. 예를 들어, 작가의 영감이 담긴 포스터나 예술 작품을 눈에 보이는 곳에 걸어두면 그 자체로 창작에 큰 도움이 된다.

5. 휴식 공간과의 조화

작업 공간 근처에 휴식 공간을 마련해 글을 쓰다 지칠 때 잠시 피로를 풀 수 있도록 한다. 독서나 사색을 위해 작은 소파나 안락의자를 배치하면 잠시 일을 멈추고 머리를 식히는 데 도움이 된다. 작업 공간과 휴식 공간은 시각적으로 분리하되, 공간의 톤을 통일시켜 전체적으로 조화로운 분위기를 유지하는 것이 좋다.

6. 미니멀리즘과 정돈

집중력을 위해 방해 요소를 줄이자. 불필요한 가구나 물건은 최대한 배제하고, 필요한 물품만 두자. 깔끔하게 정리된 책상과 간단한 소품만으로도 효율적인 작업 환경을 만들 수 있다. 간결한 공간은 마치 단어들이 더 자유롭게 흐를 수 있는 여백이 된다.

운동선수를 위한 공간

운동선수를 위한 인테리어는 체력 관리와 휴식, 그리고 집중적인 훈련을 지원하는 환경으로 설계되어야 한다. 운동선수들은 높은 집중력과 체력 유지가 필수다. 이를 위한 기능적인 공간이 필요하다.

1. 홈 짐 (Home Gym) 공간

운동선수는 꾸준한 훈련이 필요하다. 집 안에 홈 짐을 마련해 보자. 공간 크기에 따라 다양한 기구를 배치할 수 있다. 요가 매트, 덤벨, 스쿼트 랙, 러닝머신 등 기본적인 운동 장비를 배치해 일상적인 훈련을 소화할 공간을 만드는 것이 좋다. 벽면에는 대형 거울을 설치해 운동 자세를 확인하고 미끄러짐 방지를 위해 고무 매트를 깔아 안전성을 높이는 것도 중요하다.

2. 휴식과 회복을 위한 공간

운동 후 몸을 회복하는 것도 운동만큼 중요하다. 스트레칭 공간과 함께 편안한 소파나 리클라이너를 배치해 근육을 풀고 휴식을 취할 공간을 마련하자. 마사지 의자나 폼롤러를 사용할 수 있는 공간도 유용하다. 반신욕이 가능한 욕조나 스팀 샤워를 통해 근육 회복을 돕는 것도 좋다.

3. 동기 부여를 위한 시각적 요소
운동선수들은 목표를 달성하기 위해 동기 부여가 필요하다. 집안 곳곳에 모든 순간을 기록한 메달, 트로피, 상장 등을 배치해 성취감과 동기 부여를 얻을 수 있도록 하자. 벽에는 자신이 존경하는 운동선수의 사진이나 격려의 문구를 걸어 두는 것도 좋다. 이러한 요소들은 심리적으로 긍정적인 자극을 주며, 더 나은 성과를 내는 데 도움이 된다.

4. 정리된 수납공간
운동 장비, 의류, 보충제 등을 정리할 수 있는 수납공간도 필수다. 벽면 수납장이나 서랍장을 통해 장비들을 깔끔하게 보관하고, 운동복과 일상복을 쉽게 구분할 수 있도록 한다. 깔끔하게 정돈된 공간은 운동에 집중할 수 있는 환경을 제공하며 불필요한 혼란을 줄여준다.

공간을 통한 추가 소득, 에어비앤비

요즘 주변을 보면 에어비앤비 호스트로 활동하는 사람들이 늘고 있다. 과거에는 여행객들이 주로 호텔을 찾았다면, 이제는 여행지에서 더 특별하고 개인적인 경험을 원하는 사람들이 에어비앤비를 선택한다. 2023년 기준, 에어비앤비 숙소를 운영하는 사람들의 수가 전년 대비 112% 증가했다는 통계는 이러한 트렌드를 잘 보여준다. 많은 조건이 에어비앤비 비즈니스를 시작하기 위해 필요하지만, 그중에서도 인테리어 디자인은 가장 중요하다고 할 수 있다.

첫인상은 모든 것을 말해준다

숙소를 검색하는 손님들은 사진 속 공간에서 머무는 자신을 상상한다. 이때, 인테리어는 단순히 예쁜 공간을 넘어 그들의 머릿속에 기억에 남는 첫인상을 남기는 중요한 요소가 된다. 잘 꾸며진 숙소는 첫눈에 편안함과 세련된 이미지를 전달하며, 이는 예약으로 이어지는 확률을 높인다. 반대로, 아무리 위치가 좋더라도 지저분하거나 평범한 인테리어는 손님들에게 외면받기 쉽다.

리뷰가 말해주는 공간의 가치

에어비앤비 비즈니스에서 성공하려면 손님들의 만족도가 무엇보다 중요하다. 특히, 긍정적인 리뷰는 차후 예약의 가장 강력한 기반이 된다. 인테리어가 돋보이는 숙소는 방문객들에게 더 좋은 경험을 제공하며, "사진보다 더 예쁘다", "인테리어가 정말 감각적이다"와 같은 리뷰로 이어진다. 이런 리뷰는 새로운 예약을 부르는 선순환을 만든다.

1. 지역적 특색을 반영한 공간 테마
- 현지 스타일 강조: 에어비앤비 이용자는 그 지역의 고유한 경험을 원하기 때문에, 지역의 문화나 전통을 반영한 테마로 인테리어를 구성하는 것이 좋다. 예를 들어, 한옥 스타일의 숙소나 한국 전통문화를 반영한 장식은 외국인 관광객들에게 큰 매력을 줄 수 있다. 내국인 투숙객들을 위해선 상권의 스타일을 반영하는 것도 방법이다.
- 지역 예술품과 소품 활용: 지역 아티스트의 작품이나 전통 공예품을 배치하면 독창성과 현지 감성을 전달할 수 있다.

2. 최적의 공간 활용
- 효율적으로 설계한 작은 공간: 특히 작은 공간에서는 다목적 가구를 사용해 공간 활용도를 높이는 것이 중요하다. 예를 들어, 접이식 테이블이나 벽 수납장을 활용하면 실용적이고 깔끔한 느낌을 줄 수 있다. 원룸형 오피스텔을 활용하는 에어비앤비 숙소도 많은데 신경을 쓴 가구 구성과 그렇지 않은 구성의 차이는 굉장히 크게 느껴진다.
- 편안함 강조: 여행 중 피곤한 게스트를 위해 침구류, 매트리스, 소파 등의 편안함을 중시해야 한다. 고급 침구나 편안한 매트리스는 투숙객

만족도를 크게 높일 수 있다. 특히, 욕실 어메니티 구성의 경우 만족도에서 차이가 크다.

3. 목적에 맞는 디자인

- 가장 중립적인 디자인: 밝은 색상과 중립적인 톤은 많은 숙박객의 취향을 만족시킬 수 있다. 공간이 넓어 보이도록 하얀색, 베이지색 등 밝고 중립적인 색상을 활용하는 것이 좋다. 너무 화려하거나 개인적인 취향이 강한 인테리어는 다양한 취향을 가진 게스트들에게는 오히려 부담스러울 수 있기 때문이다.

- 취향 저격 디자인: 컨셉이 강한 인테리어를 통해 소수지만 취향이 저격당한 숙박객들이 만족할 수 있다. 외국 에어비앤비의 경우 컨셉이 굉장히 강한 숙소가 많은데 볼 때마다 호기심이 생기고 흥미롭다.

- 미니멀리즘: 지나치게 복잡한 디자인보다 미니멀한 디자인이 여전히 트렌드다. 깔끔하고 정돈된 느낌은 작은 숙소에 더 고급스러운 분위기를 줄 수 있다.

4. 자연광 활용과 조명

- 자연광: 숙소가 밝고 환한 느낌을 줄 수 있도록 창문을 통해 자연광이 잘 활용될 수 있는 숙소를 얻는 게 좋다. 커튼은 가벼운 재질을 선택해 채광을 조절할 수 있도록 하되, 밤에는 완전히 빛을 차단할 수 있는 블라인드나 암막 커튼도 준비하는 것이 좋다.

- 다양한 조명: 따뜻한 분위기를 만들기 위해 다양한 조명을 사용하는 것이 좋다. 천장 조명 외에도 테이블 램프나 벽 조명, 스텐드 등을

활용해 아늑한 분위기를 연출할 수 있다. 숙박객 대부분은 저녁에 에어비앤비에서 오붓한 시간을 보내는 경우가 많기 때문에 이를 고려한 인테리어 스타일링은 좋은 리뷰를 얻을 수 있다.

5. 기본 편의시설과 청결
- 기본 가구와 편의시설: 여행자들이 자주 사용하는 필수 가구와 기기 (예: 세탁기, 냉장고, 전자레인지 등)는 필수다.
- 청결 유지: 아무리 멋진 인테리어라도 청결이 부족하면 안 좋은 리뷰로 이어진다. 특히 욕실과 주방은 청결하게 관리해야 한다.
- 주차 가능: 주차가 가능한 숙소는 인기가 더 좋다.
- 주변 환경: 주변에 맛집이나 볼거리, 놀거리가 많은 상권의 에어비앤비는 인기가 많다.

6. 사진이 잘 나오는 공간
- 포토존 구성: 에어비앤비에서 숙소 이미지는 매우 중요하므로, 사진이 잘 나오는 공간을 마련하는 것이 좋다. 예쁜 소파나 특별한 배경이될 수 있는 벽면을 장식해 '인스타그램 포토존'을 마련하면 더욱 좋다. 호텔을 대신해 에어비앤비를 선택하는 사람들이 많기 때문에 분위기를 위해 사진을 신경 쓰면 좋다.

이런 팁들을 바탕으로 에어비앤비 숙소 인테리어를 신경 쓰면 손님들의 만족도를 높여 리뷰와 재방문율을 높일 수 있다.

PROJECT

이렇게 꿈의 공간을 만들었습니다

공간이 삶이 되는 순간,
인플루언서 하우스

55평형 / 가족구성원 4인

이번 프로젝트는 인플루언서의 집을 디자인하는, 내게는 조금은 특별한 작업이었다. 집이라는 공간이 그저 편안히 쉬는 곳이 아니라, 주인공의 일상이 펼쳐지는 무대가 되어야 한다는 점에서 낯설었다. 소비자는 자신의 모든 순간을 집 안 곳곳에서 촬영하며, 일상을 있는 그대로 공유하고 세상과 소통하는 인플루언서였다. 나는 문득 생각했다. 만약 내가 그와 같은 삶을 산다면, 내 집은 어떻게 달라졌을까?

공간을 공유하면서도 그 경계를 어떻게 지켜야 할까? 그 고민 속에서 나의 디자인 철학은 조금씩 빛을 발하기 시작했다.

클라이언트는 공간이 아름다우면서도 실용적이어야 한다고 요구했다. 인플루언서라는 직업적 특성상, 집은 끊임없이 변화하는 촬영 세트처럼 보이기도 하지만, 그 안에는 대본 없는 진짜 삶이 담겨 있다. 그들이 공유하는 모든 순간은 자연스러워야 했고 편안해야 했다.

무드보드

처음 집에 들어섰을 때, 창밖으로 펼쳐진 풍경과 그 공간이 어우러지는 모습을 보고 감동했다. 공간이 주변 환경을 얼마나 잘 활용할 수 있는지에 따라 그 집의 고유한 매력이 더 강하게 드러난다. 이 집은 단순한 배경이 아니라, 인플루언서의 삶을 더욱 빛나게 해주는 무대가 되어야 했다. 공간의 디테일 하나하나에 집중하며 톤과 감정을 조화롭게 맞추는 데 힘을 쏟았다. 집 안의 각 공간마다 색다른 멜로디를 만들어가는 과정은 어렵지만 즐거운 도전이었다.

또한, 직업 특성상 많은 옷과 제품들이 있었기에 충분한 수납공간이 필요했다. 브랜드 제품을 자연스럽게 노출해야 했고, 욕실에서 촬영이 잦았기에 호텔 같은 공간으로 만드는 데 세심하게 고민했다.

특히 부부만의 공간은 나에게 또 다른 영감을 주었다. 그들은 하루의 끝, 고요한 밤에 와인 한 잔을 나누며 이야기를 나누는 시간이 가장 행복하다고 했다. 그래서 부부만의 취향을 담아낸 홈 바를 설계했다. 마치 두 사람의 사랑이 그대로 스며든 듯한 그 공간은, 속삭임이 공간에서 은은하게 울려 퍼지는 것 같았다.

인테리어가 완성된 후 클라이언트가 라이브 방송을 켰다. 집이 얼마나 아름답고 실용적인지 세상과 나누었다. 그 모든 과정이 선물처럼 느껴졌다. 그리고 그 자리에서 함께 웃고 술잔을 나누며 시간을 보냈다. 이 집에서 새롭게 시작될 그들의 이야기가 얼마나 멋질지 기대하며 말이다.

사랑과 추억이 담긴 공간,
함께 만들어가는 가족의 집 (1)

58평형 / 가족구성원 3인

이 집에서 가장 큰 변화는 안방과 작은 방 사용자를 바꾼 것이었다. 처음 이 집을 마주했을 때, 나는 작은 방 창밖으로 펼쳐진 풍경에 마음을 빼앗겼다. 한강 뷰가 눈앞에 펼쳐져 있었고, 참 매력적이었다. 가족과 함께 디자인 회의를 이어가면서, 나는 작은 방의 매력을 이야기하고 싶었다. 그저 작은 방으로 남기엔 너무나도 가치 있는 공간이었기에, 그 가치를 진정으로 느낄 수 있는 사람이 이 방을 사용했으면 좋겠다고 생각했다.

대부분의 집에서 부부는 안방을 사용하기 마련이다. 하지만 이 집에서는 조금 다르게, 부부가 작은 방을 선택했다. 부부만이 누릴 수 있는 창밖의 경치와 밤이면 함께 이야기를 나눌 수 있는 작은 테이블, 그리고 아늑한 방 안에 퍼지는 따뜻한 분위기. 이 작은 방은 그들만의 특별한 순간들을 품은 소중한 공간으로 재탄생했다. 작은 방이 지닌 감성과 매력은 이 집에서 가장 큰 보석이 되었다.

반면, 안방은 아이들을 위한 멀티 스터디룸으로 꾸며졌다. 넓은 방 안에서 아이들은 마음껏 뛰어놀고, 책을 펼치고, 상상의 나래를 펼쳤다. 아이들의 웃음소리와 놀이터 같은 활기가 이 방에 가득 찼고, 그 덕분에 거실은 비교적 차

무드보드

분하고 깔끔하게 유지되었다. 주방 아일랜드부터 창밖으로 이어지는 다이닝 테이블까지의 흐름은 집 안의 공간을 하나의 이야기처럼 연결했다. 창밖으로 보이는 풍경은 이 집의 일부가 되어 실내와 실외가 자연스럽게 어우러지며 하나로 이어졌다.

이 집의 구조는 마치 삶의 흐름에 맞추어 설계된 것처럼 자연스럽게 각 공간을 나누고 기능별로 묶어냈다. 그 덕분에 가족들은 공간 속에서 편리한 동선을 유지하며, 자신들만의 리듬을 찾은 듯 자연스럽게 움직였다. 작지만 특별한 아이디어로, 신발장에 앉을 수 있는 공간을 만들었다. 이 작은 변화로 아이들은 편하게 신발을 신게 되었고, 외출 시 챙겨야 할 물건들을 편하게 놓아둘 작은 쉼터가 되었다.

이 집은 곳곳에 서로를 생각하는 마음이 스며있었다. 그저 누구를 위해 꾸민 집이 아닌 오로지 가족을 위한 공간으로, 그들만의 이야기를 담은 무대였다. 집이라는 공간은 보편적인 기준에 맞추기보다 나와 내 가족의 눈으로 바라봐야 자연스럽다. 그리고 그 속에서 우리는 진정한 의미의 주거 공간 디자인을 발견한다. 그것은 나와 가족을 향한 애정을 담아내고, 그 사랑을 표현하는 가장 따뜻한 방법이다.

일상의 작은 순간들이 모여 큰 그림을 이루듯, 이 집 안의 공간은 그들의 축복받은 조각들로 채워질 것이다. 이곳에서 사랑과 웃음이 넘치는 하루하루가 흘러가고 그들의 이야기가 공간에 새겨질 때, 나는 그 모든 것이 얼마나 아름답게 빛날지 상상하며 미소 짓는다. 이 집은 그들만의 특별한 이야기가 끝없이 피어나는 사랑의 보금자리로 완성되고 있었다.

사랑과 추억이 담긴 공간,
함께 만들어가는 가족의 집 (2)

33평형 / 가족구성원 4인

가족의 손길로 가꾸어진 공간은 그저 기능적으로 계획된 집이 아닌, 지난 삶의 무게와 감정이 배어 있는 공간이 된다.

이번 프로젝트에서 확장된 거실 공간에 자리한 큰 다이닝 테이블은 중심이 되었다. 밝고 따뜻한 햇살이 내려앉는 아침이면 가족이 함께 모여 웃음소리로 가득 찬 식사 시간이 펼쳐지고, 저녁이 되면 로맨틱하고 감성적인 시간이 그 테이블을 둘러싸는 모습을 상상했다. 이 다이닝 공간은 그저 식사를 위한 테이블이 아니라, 가족의 사랑과 이야기들이 오고 가는 작은 무대가 되었다.

거실은 아이를 위한 독서 공간을 마련하여 상상의 나래를 펼칠 수 있는 장소를 만들었다. 그곳에서 아이와 함께 책을 읽으며 시간을 보내는 따뜻하고 사랑이 가득한 순간들이 그려진다. 주방에서 요리하는 동안에도 거실에서 노는 아이를 바라볼 수 있도록 주방과 거실 사이의 벽에 작은 개구부를 냈다. 집 구조를 새롭게 해석하고, 거실과 다이닝 공간을 연결하며, 가족이 함께하는 모습을 볼 때마다 가슴이 따뜻해졌다. 집 안 곳곳에 자리한 가족의 추억이 담긴 사진들은 그 공간에 온기를 불어넣었다.

무드보드

특히 부부가 개인 시간을 보낼 작은 작업실을 만들며 서로의 취향과 시간을 존중하는 모습은 참 보기 좋았다. 그 집 안에 많은 시간을 쌓아온 흔적들은 마치 이곳이 단순한 주거 공간이 아닌, 사랑과 이해로 빚어진 따뜻한 둥지임을 이야기하는 듯했다. 공간 속에서 웃음과 대화가 피어오르고, 추억이 하나둘씩 쌓여가는 모습을 지켜보며, 이 집이 그들만의 이야기를 더욱 빛나게 해줄 것이라는 확신이 든다. 집이란 결국 그 속에 담긴 사랑과 추억이 중심이 된다. 이 가족의 집은 시간이 지나면서 쌓이는 사랑과 추억만큼 더욱 따뜻한 공간이 될 것이다.

신혼집의 설렘,
두 사람의 약속이 담긴 공간
26평형 / 가족구성원 2인

새로운 시작을 맞이하는 신혼부부는 자신들만의 집을 꿈꾼다. 넓지 않은 공간이었지만, 그 안에 담길 따뜻한 감성과 아늑함만큼은 무한했다. 깔끔한 톤의 벽과 천장을 선택하되, 그 속에 따스함이 깃들 수 있도록 부드럽고 포근한 나무 소재와 색감을 더했다.

이 집의 현관은 흔히 설치하는 중문 대신, 현관에서 거실로 이어지는 긴 복도를 열어두었다. 길게 뻗은 복도는 마치 두 사람의 새로운 이야기가 시작되는 여정처럼 느껴졌다. 현관에서부터 시작되는 이 긴 복도는 단순한 이동 경로가 아니라, 따뜻한 대화와 미소가 오가는 길목이 되기를 원했다.

주방은 서로의 마음을 담아 음식을 준비하고, 함께 식사를 나누는 중요한 공간이다. 공간이 한정적이어서 다이닝 테이블을 놓을 자리가 부족했지만, 우리는 그 부족함을 가능성으로 바꾸기로 했다. 다이닝 테이블을 확장된 베란다 창쪽에 배치하고, 그 옆에 작은 홈 바를 계획했다. 그곳에서 식사를 하면서도 분위기 있는 시간을 보내도록 만들었다. 두 사람이 마주 앉아 이야기를 나누고, 웃

무드보드

음과 사랑이 오가는 따뜻한 곳이 되기를 바랐다. 집 안의 어느 곳에서든 보이는 이 테이블은 앞으로 쌓아갈 시간의 무게와 감정을 온전히 담아낼 것이다.

안방은 다른 가구의 욕심은 버리고, 침대를 중심으로 방을 채웠다. 작은 호텔 방 같은 느낌으로 꾸며, 일상의 피로를 녹여줄 아늑한 휴식처로 만들고자 했다. 나머지 방은 드레스룸으로 꾸며, 모든 수납과 정리가 깔끔하게 해결될 수 있도록 했다.

이 신혼집은 두 사람이 함께 그려갈 미래의 모든 순간이 담긴 캔버스다. 식탁에 앉아 서로의 눈을 마주하며 나누는 대화, 주방에서 함께 만들어갈 소소한 추억들, 그리고 작은 침실에서의 포근한 아침들까지. 그들의 사랑이 이 공

간을 채워나갈 때마다, 이 집은 그들의 이야기로 더욱 빛날 것이다. 아직은 새싹 같은 느낌을 주지만, 그 속에 담긴 꿈과 희망은 나무처럼 자라날 것이다. 그들이 이 집에서 함께 만들어갈 모든 이야기가 얼마나 아름답게 펼쳐질지 기대된다. 작은 공간에서 피어날 따뜻하고 즐거운 순간들이, 이 집의 진정한 주인공이 될 것이다.

새로운 가족을 맞이하는 공간
31평형 / 가족구성원 2인

이번 소비자는 깔끔하게 정돈된 공간 속에서도 그들의 손길이 닿는 곳마다 따뜻한 감정이 스며들기를 원했다. 벽과 천장을 깨끗한 흰색 톤으로 계획하고, 바닥과 가구는 나무의 따스한 결을 살려 디자인했다. 그 따뜻한 나무결 하나하나에 그들이 원하는 감성과 온기가 자연스럽게 스며들길 바라면서.

라이프스타일이 자리 잡지 않은 신혼집은 그들만의 색깔을 찾아가는 여정을 시작하는 곳이다. 그래서 신혼부부의 공간은 세 가족이나 다섯 가족처럼 오랜 시간을 함께하며 쌓인 독특한 이야기와는 다른 결의 설렘과 가능성을 담고 있다. 가족 이야기가 깃든 집은 이미 필요의 우선순위가 명확하게 그려져 있다면, 신혼집은 마치 공기 중에 떠도는 바람처럼 자유롭고 열린 가능성으로 가득하다.

신혼부부와 대화를 하다보면 그들의 얼굴에서 설렘과 다짐이 드러난다. "우리는 이렇게 함께 살고 싶어." "앞으로 우리의 이야기는 이렇게 펼쳐질 거야." 깔끔하게 정돈된 공간에 수수하게 놓인 가구들. 방에 들어서면 느껴지는 감정 자체가 예쁘다. 그리고 어느 방은 미래의 작은 생명이 쓸 공간으로 정하기도 한다.

무드보드

작은 서재가 있었던 이 집도 지금은 사랑스러운 아기의 방으로 변했다. 그 당시엔 새 생명을 맞이할 준비가 된다는 사실이, 신혼부부의 집에 대한 설렘을 한층 더 키운다. 아직은 미완성인 것처럼 보이지만, 그 불완전함 속에 깃든 가능성의 향기가 진하다. 집을 채워가는 과정은 두 사람이 서로에게 주는 선물이다. 작은 고민 끝에 함께 만들어가는 공간 속에서 그들만의 이야기가 천천히 피어오르길 기대한다. 이야기가 펼쳐질 때마다, 이 공간이 그들의 사랑을 더욱 아름답게 빛나게 할 것이라고 믿는다.

나만의 공간을 찾아가는 여정,
소형 오피스텔의 특별한 변신

12평형 / 가족구성원 1인

작은 오피스텔, 특히 원룸형 공간은 분리된 침실을 가지기 어렵다. 그런데 이번 의뢰인은 침실을 원했다.

공간 활용을 최우선으로 고민했다. 공간을 나누다 보면 자칫 좁아질 수 있기 때문에, 키 큰 장을 활용해 깔끔한 디자인을 유지하면서도 실용적인 수납을 할 수 있게 했다.

침실은 침대 하나 들어갈 정도의 작은 공간이 되었지만 답답하지 않게 창문을 옆에 배치했다. 그 덕분에 자연스럽게 환기와 채광이 해결되었다. 자연스럽게 남은 공간은 주방과 다이닝 공간으로 이어졌다. 소형 오피스텔에서는 보기 드문 큰 테이블을 배치해, 단순한 식사 공간이 아닌 클라이언트가 여유를 즐길 수 있는 공간을 만들었다.

침실 창가 아래에 마련된 붙박이 의자는 디자인 포인트가 되었다. 식탁과 함께 배치된 의자는 창밖 풍경을 감상하며 쉬기 좋은 공간이 되었나. 입구에서 이어지는 복도는 좌우 컬러를 달리해 각 공간의 성격을 시각적으로 분리했

무드보드

으며, 복도 끝에는 홈바를 배치해 도시 야경을 즐길 수 있는 특별한 공간으로 완성했다. 그곳은 바쁜 하루 끝에 와인을 마시며 휴식을 취하는 자리로, 작은 오피스텔의 매력을 극대화했다.

작은 오피스텔 안에서도 원하는 인테리어를 충분히 구현할 수 있다. 클라이언트의 삶에 맞춘 디자인은 단순한 구조 이상의 만족을 준다는 사실을 다시 한번 깨달았다. 침실, 다이닝 공간, 홈바까지 작은 공간에서 취향과 일상이 완벽히 맞물린다. 하루의 피로를 풀고, 자신만의 시간을 보내는 공간을 만들었다. 침실에 들어선 순간, 고요한 평온함이 느껴지고, 그 창가에 앉아 잠시 세상과 떨어져 나만의 시간을 즐기는 순간을 떠올렸다. 홈바에 앉아 도심의 불빛을 바라볼 때면 바쁜 일상에서 잠시 벗어나 삶의 여유를 찾는 작은 쉼표가 그 공간 안에 깃들지 않을까? 그곳은 단순한 집이 아니라, 한 사람의 삶의 리듬과 마음의 균형을 다시 맞추는 장소가 된다.

나만의 공간을 찾아가는 여정,
소형 빌라의 특별한 변신

24평형 / 가족구성원 1인

혼자 사는 소비자는 자신의 취향을 자극하는 공간을 원한다. 거실에 있는 벽난로처럼 말이다. 비록 작은 빌라에 있는 벽난로가 과하다 느낄 사람도 있겠지만, 이 집의 주인에게는 여유를 만끽하는 행복의 상징이 된다. 이 집은 특히 자연광이 풍부하게 들어오는 발코니가 매력적이다. 침실 창밖으로 막히는 건물이 없어서 시야가 멀리까지 트여 있는 것은 빌라에서는 흔치 않은 조건이다. 아침 햇살이 서서히 스며들며 나를 깨우는 느낌이 유난히 기분 좋게 다가올 것만 같다. 물론 어떤 이들은 암막 커튼을 선호할지 모르지만.

주방 아일랜드 앞에 배치된 긴 원목 테이블은 혼자 사는 집이지만 손님을 자주 초대하는 소비자에게 필수적인 요소다. 대부분의 1인 주거에서는 혼자 사는 집이지만 넉넉한 테이블을 원한다. 수방에서 음식을 준비하며 그 테이블 너머를 바라보면 벽난로와 따뜻한 발코니가 한눈에 들어온다. 그 자체로 상상만으로도 기분 좋아지는 장소다.

그리고 클라이언트는 비록 작은 욕실이지만, 독립된 욕조를 설치하고 싶다고 요구했다. 나는 늘 클라이언트와 함께 공간을 만들어가는 것을 중요하게

252

무드보드

여긴다. 욕실을 설계할 때 분위기 있는 욕조를 떠올렸지만, 실용성만을 고려하는 고객을 만나면 이런 아이디어를 실현하기란 쉽지 않다. 그러나 이 소비자처럼 불편함을 감수하고서라도 욕망을 충족하려는 의지가 있다면, 그 과정을 통해 매력적인 공간이 탄생하게 된다. 그래서 나 역시 늘 이런 욕망 가득한 클라이언트와 디자인 작업을 꿈꾼다. 이 집의 욕실은 작지만 세탁기, 건조기, 독립 욕조까지 모든 문제를 해결한 공간으로 높은 만족도를 자랑한다.

집 안의 침실과 거실에서 느껴지는 분위기와는 달리, 입구는 짙은 파란색을 포인트 컬러로 사용해 공간마다 다른 이미지를 즐길 수 있는 재미를 더했다. 이 작은 빌라 속에서조차 시각적인 변화를 통해 공간이 더욱 다채롭고 풍부하게 느껴지도록 설계했다. 나머지 방들은 드레스룸과 홈트를 위한 공간으로 계획되었으며, 이는 혼자 사는 이에게 맞춤형으로 설계된 즐거운 공간이다.

개인적으로 이 빌라는 혼자 사는 사람에게 있어 매우 매력적인 집이다. 자연광이 가득한 발코니와 따뜻한 거실, 벽난로, 그리고 나만의 개인적인 휴식 공간으로 구성된 이 집은 혼자 산다면 꼭 한번 살아보고 싶은 이상적인 주거 공간이 아닐까?

이처럼 작은 빌라라도 그 안에 살고 있는 사람의 취향과 삶의 방식을 반영한 공간은 그 자체로 삶의 질을 높이는 중요한 요소가 된다.

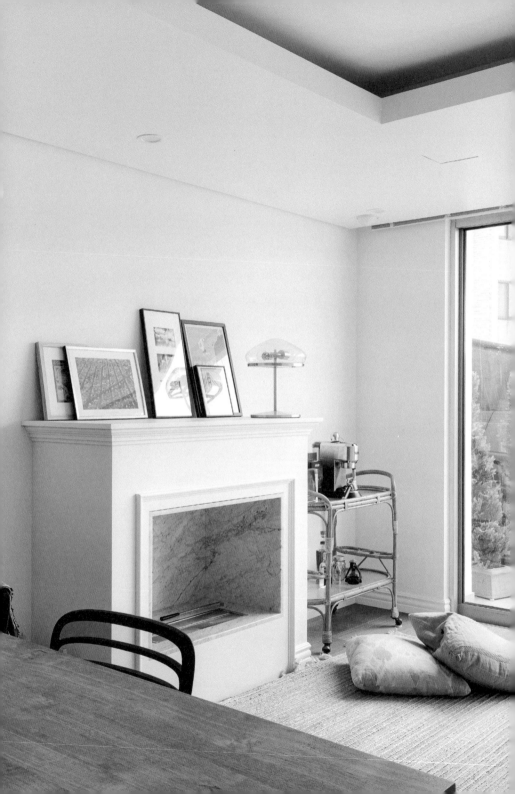

나만의 공간을 찾아가는 여정,
소형 아파트의 특별한 변신
12평형 / 가족구성원 1인

의뢰인은 침실을 나누어 미니 드레스룸과 작은 사무 공간을 원했다. 요즘 1인 가구 프로젝트를 할 때면, 내가 경험했던 일본 집이 떠오른다. 일본은 작은 공간을 효율적으로 사용한다. 비록 작은 공간이지만, 그 안에서 자연스럽게 제 역할을 하는 모습이 인상 깊었다. 이런 매력적인 디자인들을 더 깊이 연구하고 싶다.

의뢰인은 재택근무를 자주 했기 때문에 작업용 책상이 꼭 필요했다. 그래서 침실 안에 침대와 함께 작업용 책상을 배치하고, 그 책상을 중심으로 벽체를 세워 미니 드레스룸을 계획했다. 기능적으로 분리된 공간은 오히려 더 편안함을 준다. 만약 침실에 책상부터 옷장, 행거까지 다양한 가구가 함께 배치되었다면 지금처럼 쾌적한 느낌은 없었을 것이다. 그저 혼란스러운 공간으로 변해갈 가능성이 컸다.

나는 늘 '만약 이 공간이 내 집이라면?'이라는 질문을 습관적으로 던지며 공간을 바라본다. 그런 점에서 내가 이 공간을 사용했다면 아마도 거실을 사무실로 활용했을 것이다. 왜냐하면 나에게는 거실이라는 공간이 크게 필요하

무드보드

지 않기 때문이다. 반면 소비자는 종종 누군가를 초대하거나 업무와 분리된 휴식 공간을 원하기도 한다. 그래서 이 집에도 거실에는 큰 소파를 배치했고 공간 활용을 극대화하기 위해 L자형 소파를 선택했다. 만약 일자형 소파를 사용했다면 거실 벽 전체를 차지했을 것이다.

이번 프로젝트에서 가장 큰 도전은 욕실이었다. 화장실과 세면대만 있는 작은 욕실이었다. 게다가 샤워기도 세면대에 붙어 있었다. 의뢰인은 샤워룸을 원했지만 어려운 요구였다. 세면대를 제거하고, 위치를 이동한 뒤 남은 공간에 샤워 부스를 만들었다.

이처럼 고객의 취향에 맞춘 공간을 만드는 일은 나에게 단순한 작업 이상의 의미다. 작은 공간 속에서도 그들이 꿈꾸는 삶과 마음의 안식처를 만드는 과정은 그들의 일상에 작은 행복을 넣는 일처럼 느껴진다. 디자인할 때 그 공간에서 새롭게 시작될 아침의 따뜻함과 저녁의 평온함을 상상한다. 작업이 완료된 후 고객이 그 공간에서 미소 짓는 순간을 볼 때 큰 보람을 얻는다.

빈 캔버스, 그 위에 그려진 삶,
마이너스 옵션의 매력 (1)

24평형 / 가족구성원 3인

마이너스 옵션, 즉 건설사에서 제공하는 기본 인테리어를 배제하고 온전히 자신만의 취향으로 공간을 채워가는 선택은 마치 빈 캔버스를 앞에 둔 화가의 마음처럼 설렘을 안겨준다. 나에게 이 마이너스 옵션은 개인의 취향을 최대한 반영할 수 있다는 점에서 매력적으로 다가온다.

이 집에서 내가 가장 신경 썼던 공간은 주방과 아이 방이었다. 이 집에 들어서는 순간부터 아이 방을 특별한 공간으로 만들고 싶었다. 우선 작은 두 개의 방 사이에 게이트를 만들었다. 마치 어린아이가 자신만의 모험을 떠나는 비밀의 문처럼, 두 방은 하나로 연결되어 더 넓은 세계를 만들어냈다. 이 방은 놀이와 상상력이 어우러지는 작은 우주가 되었다. 자유롭게 책을 읽고, 친구들을 초대해 즐거운 시간을 보낸다. 그리고 게이트를 지나 다른 방으로 들어가면 고요한 침실이 나온다. 이 독특한 구조에서 아이를 향한 부모의 깊은 사랑이 온전히 느껴진다.

그리고 주방과 거실을 하나로 묶어 넓은 다이닝 공간을 만들었다. 이 집은 20평 남짓한 크기였지만, 40평대에 걸맞은 주방을 얻게 되었다. 한정된 자

무드보드

원 속에서도 무한한 가능성을 찾는 일이었다.

이 집을 설계하면서 디자인 철학이 더욱 확고해졌다. '작은 공간은 한 가지에 집중하고 과감하게 선택하자.' 좁은 거실에 억지로 주방과 소파, 식탁을 모두 배치하기보다 중심 기능 하나에 몰입하여 그 공간을 최대한 살리는 방법이 진정한 공간 활용이다.

사람들의 삶의 방식은 하루하루가 쌓여 이루어진 작은 이야기들로 가득 차 있다. 그래서 항상 스스로에게 묻는다. 이 집이 그들의 이야기를 담아낼 그릇이 될 수 있을까? 집이 그들의 꿈을 반영하고, 삶을 더 나은 방향으로 이끌 수 있을까?

이런 점에서 마이너스 옵션은 삶의 진짜 본질을 마주하게 해준다. 빈 공간을 채우는 과정은 가구 배치와 더불어 소비자들의 철학과 꿈을 새겨 넣는 과정이다. 집이란 삶을 담는 가장 개인적이고도 특별한 공간이며 자신만의 이야기가 녹아들게 된다.

영화 속 한 장면처럼 집 안에서 아이가 웃으며 뛰어놀고, 가족이 함께 둘러앉아 삶을 나누는 순간들을 상상해 본다. 따뜻한 빛이 집안에 스며들고, 그 속에서 소박한 대화와 따뜻한 사랑이 오가는 공간. 바로 그런 집이야말로 우리가 꿈꾸는 이야기의 시작이다.

빈 캔버스, 그 위에 그려진 삶,
마이너스 옵션의 매력 (2)

44평형 / 가족구성원 3인

철거 작업은 인테리어 디자인의 출발점이다. 공간을 새롭게 탄생시키기 위해 불필요한 요소들을 제거하는 일, 이 과정은 마치 무언가를 시작하기 위해 먼저 내려놓아야 할 짐처럼 느껴진다. 때로는 이 작업이 생각보다 많은 비용을 차지해 아깝게 느껴지기도 한다. 하지만 그 선택이 가져오는 기분 좋은 여백과 가능성 때문에 이 방식을 무엇보다도 환영한다.

이번 프로젝트는 고급스러운 멋을 아는 소비자와 함께한 작업이었다. 베이지 톤을 사용해 공간의 분위기를 잡아나갔다. 베이지는 흰색보다 두어 단계 톤이 다운된 컬러로, 흔히 볼 수 있는 집의 연회색이나 흰색 톤과는 다른 감성을 지니고 있다. 이 과감한 선택은 그만큼 특별한 결과를 만들어냈다. 이 집은 완성된 공간을 바라볼 때마다 느껴지는 감정이 있는데 단순한 싱취감을 넘어 마치 내 손끝에서 작은 마법이 일어난 것 같은 기분이 들게 만들었다.

주방 다이닝 공간에서는 세련된 블랙 가구로 포인트를 주어, 베이지 톤과 함께 우아하면서도 강렬한 대소를 이루었다. 그 미묘한 색상 차이와 조합이 공간의 깊이와 따뜻함을 한층 더 올려주었다.

안방 부로 진입하는 문을 제거해서 생긴 직선 복도는 집이 넓어 보이는 효과를 가져왔다. 이 작은 변화가 소비자들에게 주는 가치는 인테리어 비용 그 이상이었다. 몇 센티미터의 차이가 공간의 분위기를 바꾸는 순간은 언제나 마법 같다.

반려동물과 함께 살아가는 공간,
가족의 이야기가 담긴 집

34평형 / 가족구성원 3인

반려동물을 사랑하는 가족은 집을 설계할 때 반려동물의 편안함과 안전을 최우선으로 고려한다. 이 집은 강아지와 고양이가 함께 살고 있다. 소비자는 강아지가 고양이 사료를 자꾸 훔쳐 먹는 문제 때문에, 강아지가 접근할 수 없는 고양이 전용 급식 공간을 요구했다. 부엌 발코니 근처에 강아지가 도달할 수 없는 높은 곳에 고양이 급식 공간을 만들었다. 발코니 위에서 고양이가 유유히 창밖을 바라보고 있었다. 그 순간 강아지는 거실에서 왔다 갔다 하며 촉을 세웠지만, 다행히 고양이 급식 공간까지는 닿지 않았다. 두 반려동물이 평화롭게 지낼 개인 공간이 마련됐다.

욕실 문제도 있었다. 그동안 작은 욕실에서 반려동물을 씻겼는데, 몸집이 작은 반려동물이라도 좁은 공간에서 씻기기란 어려운 일이다. 해결 방법으로 욕실에 타일로 만든 싱크대를 설치했다. 이제 서서 반려동물을 편안하게 씻길 수 있는 반려동물만의 욕실이 완성되었다.

반려동물을 키우는 가정이 점점 늘어나는 요즘, 반려동물을 기르면 사랑과 돌봄의 대상이 늘어나는 느낌이 들지만, 알고 보면 반려동물에게 더 큰 사

무드보드

랑을 받는다는 사실을 새삼 깨닫게 된다. 가족과 반려동물 모두를 위한 맞춤형
공간을 만드는 일은 반려동물에게 받은 사랑에 보답하는 과정이었다.

HIGH-END

몰테니앤씨	www.molteni.it/ap/
비앤비이탈리아	www.bebitalia.com/en-us/
리마데시오	www.rimadesio.it/en/
폴리폼	www.poliform.it/en/
까시나	www.cassina.com/ww/en.html
에드라	www.edra.com
사바 이탈리아	sabaitalia.com/en
글라스이탈리아	www.glasitalia.com/en
박스터	www.baxter.it/en/
드리아데	www.driade.com/en/
자노따	www.zanotta.com/
데파도바	www.depadova.com/
구비	gubi.com/en/int
하우스오브핀율	finnjuhl.com/
볼리아	www.bolia.com/
놀	www.knoll.com/
텍타	www.tecta.de/en/
아망드앤프랑신	armandfrancine.be/

드세데	www.desede.ch/en
스펙트럼	www.spectrumdesign.nl/en/
리네로제	www.ligne-roset.com/us/
로쉐보보아	www.roche-bobois.com/es-CR/
위트만	www.wittmann.at/en/
스텔라웍스	www.stellarworks.com/
이스턴에디션	eastern-edition.com/
아티작	artizac.com/

CONTEMPORARY

비트라	www.vitra.com/en-us/home
헴	hem.com/en-us/hem-x
아르텍	www.artek.fi/en/
무토	www.muuto.com/
펌리빙	fermliving.com/
헤이	brand.naver.com/hay
웬델보	wendelbo.dk/
프리츠한센	www.fritzhansen.com/ko

보컨셉	www.boconcept.com/en-kr/
칼한센앤선	www.fritzhansen.com/ko
앤트레디션	brand.naver.com/andtradition
오도코펜하겐	us.audocph.com/
노만코펜하겐	www.normann-copenhagen.com/en
엘앤씨스텐달	www.lc-stendal.de/
클래시콘	www.classicon.com/de/startseite.html
카르텔	www.kartell.com/it/it/ktit/
페드랄리	www.pedrali.com/en-us
마지스	www.magisdesign.com/
제르바소니	gervasoni1882.co.kr/
디스트릭트 에잇	districteight.com/
허먼밀러	www.hermanmiller.com/en_apc/
비플러스엠	www.bplusm.co.kr/
잭슨카멜레온	jacksonchameleon.co.kr/
키코디자인	www.kikodesign.co.kr/
오디너리프로젝트	www.ordinaryproject.co.kr/
비바움	www.vibaum.com/
비아크	barc.kr/

카레클린트	www.kaareklint.co.kr/
비에프디	bacci-bfd.com/
드레이	drei.co.kr/
바이헤이데이	byheydey.com/
홀프레츠	voorpret.kr/
피아바	fiaba.co.kr/
비아인키노	www.wekino.co.kr/
플랫포인트	flatpoint.co.kr/
바이리네	www.beiligne.com/
무니토	munito.co.kr/
탈로리피	taloryyppy.kr/
에프에프컬렉티브	ff-collective.com/
번드	www.abund.kr/
레어로우	rareraw.com/
아티클리에	www.articlier.kr/
빌드웰러	builddweller.com/home
몬스트럭쳐	monstructure.com/
에이피알론드	aprrond.com/
플랫포인트	flatpoint.co.kr/

콘셉트 별 가구 회사 정리

스탠다드에이   standard-a.co.kr/

VINTAGE LIVING

빌라레코드   www.villarecord.com/

콜드포그   www.cold-fog.com/

언커먼하우스   smartstore.naver.com/uncommonhouse

세이투셰   saytouche.kr/

장미맨숀   rosamansion.com/

매직볼트   magicvault.com/main

더 많은 정보를 얻고 싶으신
분은 QR을 스캔해 블로그에
접속해보세요.

모든 분들께 감사드립니다

책을 집필하겠다는 마음을 먹고 많은 고민이 있었지만, 책을 결국 세상에 꺼내 놓을 수 있게 해 준 페어리멜로스 이종석 디렉터님과 마음 연결 김영근 대표님께 정말 감사합니다.

그동안 많은 현장을 돌아볼 수 있게 된 기회였던 것 같습니다.

이유디자인을 설립해서 지금까지 함께 이끌어준 이윤형 대표님과 그동안 저희에게 소중한 공간을 믿고 맡겨준 클라이언트분들에게 정말 감사하단 생각입니다. 이건 책을 쓰면서, 더욱 마음이 커졌습니다.

소중한 공간을 함께 만들어 가는데 동참해 준 저희 시공업체 사장님들, 까탈스럽게 굴었지만 싫은 내색 안 하고 잘 만들어주시고 마무리해 주셔서 감사합니다.

그리고 이 책을 구매하고 읽어주신 모든 독자분들께도 감사드립니다.

언제나 응원해 주고 믿어주는 가족들에게

가정이 생기고 아이가 생기면서, 집이라는 공간이 주는 안정감과 아늑함이 정말 소중하다고 느꼈습니다. 사랑하는 나의 딸, 아린아. 항상 자랑스러운 엄마가 되도록 노력할게. 언제나 사랑하고 축복한다.

Dreaem House

초판 1쇄 발행 2025년 1월 31일

저자 허유진

펴낸이 김영근

편집 김영근 최승희 한주희

펴낸곳 마음 연결

주소 경기도 수원시 팔달구 인계로 120 스마트타워 1318

이메일 nousandmind@gmail.com

출판사 등록번호 251002021000003

ISBN 979-11-93471-41-8

값 20000원